哈佛
财富故事汇

哈佛大学送给世界的礼物

未铭 编著

Harvard University

时代出版传媒股份有限公司
北京时代华文书局

图书在版编目（CIP）数据

哈佛财富故事汇/未铭编著.--北京：北京时代华文书局,2015.8
ISBN 978-7-5699-0476-5

Ⅰ.①哈… Ⅱ.①未… Ⅲ.①成功心理-通俗读物Ⅳ.①B848.4-49

中国版本图书馆CIP数据核字(2015)第194410号

哈 佛 财 富 故 事 汇

编　　著｜未　铭

出 版 人｜杨红卫
责任编辑｜张彦翔
装帧设计｜壹品堂　王艾迪
责任印制｜訾　敬

出版发行｜时代出版传媒股份有限公司 http://www.press-mart.com
　　　　　北京时代华文书局 http://www.bjsdsj.com.cn
　　　　　北京市东城区安定门外大街136号皇城国际大厦A座8楼
　　　　　邮编：100011　电话：010-64267955　64267677

印　　刷｜三河市祥达印刷包装有限公司　0316-3656589
　　　　　（如发现印装质量问题，请与印刷厂联系调换）

开　　本｜710×1000mm　　1/16
印　　张｜15.5
字　　数｜229千字
版　　次｜2015年10月第1版　　2015年10月第1次印刷
书　　号｜ISBN 978-7-5699-0476-5

定　　价｜36.00元

哈佛大学就像是上帝赐予人间的一份礼物，全世界无数精英聚集于此，为其装点上璀璨夺目的钻石。从这里走出来的很多人最终都成为了世界顶级精英，他们像钻石一样闪耀着智慧之光。他们不仅成为了各行各业的顶尖人才，同时也掌控着巨额财富。

如果你想知道上哪些大学可以改变命运，如果你想成为超级富豪，那么，来哈佛就是了。

美国一家公司发布研究报告，对各大学产生超级富豪的数量进行了排名，结果哈佛大学毕业生中超级富豪（身家在10亿美元以上）的数量最多，高达54人，他们的资产净值总额超过2000亿美元；如果以家庭净资产3000万美元作为衡量标准，那么哈佛大学依然是全球大学中培养出富豪人数最多的，人数多达3000人，净资产总额超过6000亿美元。

美国哈佛大学就像是一座储存着无尽瑰宝的宝库，吸引着全世界最顶尖的人才，经过一番打磨，最终将他们塑造为璀璨夺目、价值不菲的钻石。哈佛大学盛产亿万富豪，全世界其他大学望尘莫及，排名第二的斯坦福大学共有30名亿万富豪，而排名第三的宾夕法尼亚大学共有28名亿万富豪。可见，哈佛大学是名副其实的富豪梦工厂。

然而，哈佛大学带给世界的礼物远非如此，除了财富，哈佛更关心的是如何培养一个真正的人，这才是哈佛的核心理念。当我们见惯了社会上那些为富不仁者后，才意识到成为一个拥有正确价值观的人是多么重要。如今，很多年轻人的梦想很简单，他们一心只想着赚钱，成为像比尔·盖茨一样的世界首富，然而他们眼中却只看到钱，并没有看到比尔·盖茨这些富豪身上的特质以及他们为整个世界所奉献的一切。

建立于1636年的哈佛大学，是美国最古老的高等学府，在300多年的历史中，哈佛大学在学术领域和人才培养方面一直处于全世界最高水平。从学校成立至今，共培养出8名美国总统、37名诺贝尔奖得主和32名普利策奖获得者，其他各个领域人才更是数不胜数。

这就是哈佛大学送给全世界的礼物，从这里走出过无数精英，他们改变着世界，影响着世界，甚至可以说统治着世界。

当我还是一个孩子的时候，总希望得到礼物，因为它们让我充满期望，但绝大多数礼物很快就被丢弃一旁，因为新鲜感只能维持很短的时间。那时候，我多么希望收到一份可以让我受益终生的礼物，可惜这个心愿一直没能实现。

我不希望重复当年的遗憾，今天的孩子们完全值得拥有一份受益终生的礼物，所以我花费大量时间和精力搜集并撰写了这本书，通过对哈佛大学近年来最成功的财富精英认真分析总结，将他们的经验、智慧、方法等浓缩在这本书中。送给孩子们，也送给广大父母，不要以为哈佛大学是一个可望而不可即的地方，它属于每一个人，只要学会这些成功人士的特质，即便你最终没能考上哈佛大学，也一样会变得杰出，成为精英。

目录

Contents

第一章

哈佛大学——不仅是一种荣耀

🏆 这里是梦开始的地方

■ 哈佛大学

哈佛大学（Harvard University），全世界最好的、最负盛名的私立学校之一，位于美国马萨诸塞州波士顿剑桥城，常青藤盟校成员之一。（常青藤盟校，1954年成立，由美国首屈一指的8所大学和一所学院组成的一个大学联合会。在美国，常青藤学院被视作顶尖学院的代名词。）

哈佛大学正式成立于1636年。1639年3月13日，以一名毕业于英格兰剑桥大学的牧师约翰·哈佛之名，命名为哈佛学院，1780年正式更名为哈佛大学。

哈佛大学是一所在全世界享有盛誉的顶尖大学，尤其在中国，备受人们推崇。难道哈佛大学真的有这么神奇吗？的确如此，对于大部分人来说，考上了哈佛大学，也就改变了命运。进入哈佛大学是一种荣耀，且不止是一种荣耀，在哈佛大学377年的历史中（比美国的历史还长140年），走出过无数改变世界的人物——8位美国总统，分别是：约翰·亚当斯、约翰·昆西·亚当斯、拉瑟福德·海斯、西奥多·罗斯福、富兰克林·罗斯福、约翰·肯尼迪、乔治·沃克·布什、贝拉克·侯赛因·奥巴马二世，十几位最高法院大法官，40多名诺贝尔奖得主，30多名普利策奖获奖者，以及一批学术精英和知名外交家，如美国思想家爱默生，美国前国务卿亨利·基辛格等。当然，从这里还走出过60多位亿万富豪，其中身家超过20亿美元的就有52人。

这里是梦开始的地方，也是辉煌人生的开始。今日的世界更多地在呼唤财富王者，这就不得不提到哈佛商学院，在美国教育界流行这样一种说法：如果将哈佛大学比作美国大学中的一座王冠，那么哈佛商学院就是这座王冠上最璀璨夺目的珍珠。的确如此，从这里走出过无数顶级富豪，他们富可敌国，他们改变世界。

■ 考上哈佛 = 梦想成真

在中国，哈佛大学似乎有着神秘的吸引力，在万千学子及其父母的观念中，考上哈佛就等于梦想成真，很多人甚至是专家对这种观念嗤之以鼻，并不认同，然而现实却令这些人大跌眼镜，凡是从哈佛大学走出来的孩子，都或大或小地实现了自己的梦想。

哈佛大学不仅在国人的观念中占据着举足轻重的地位，在全世界亦然，它是每个学子心中神圣的梦想之地，犹如耶路撒冷、麦加、西藏在宗教徒心中的地位。

哈佛大学不仅具有精神层面的重要意义，更具有非同寻常的现实意义，因为考上了哈佛，也就意味着成功的人生，意味着梦想即将实现，因为从这里走出来的人，没有失败者。

哈佛大学不仅关心学生在校时的学习成绩，更关注离校以后的人生之旅，哈佛大学所关注的不仅是一段时期的成绩，而是一生的成功。为此，哈佛大学拥有庞大、紧密而高效的校友网络，将全世界最杰出的一批人聚集在一起，为他们提供最好的平台。

每一个从哈佛大学走出来的毕业生，都拥有与众不同的自信，并不仅仅因为他们是天之骄子，更重要的是哈佛大学神奇的氛围效应，在这里，每个人都很清楚，自己是独一无二的。

哈佛大学是一片神奇的沃土，考上哈佛，就意味着拥有了梦想成真的机会，这里是所有学子的梦想之地，只有全世界最优秀的人才能来到这里。

■ 一切都源于哈佛之梦

芳静诗，18岁就考上哈佛大学攻读博士学位，用她自己的话说，成功除了运气之外，更重要的是要有梦想。

考入哈佛大学是芳静诗儿时的梦想，到美国后，她一直为这个梦想而努力，这也是促使她获得成功的最大动力。

无独有偶，华裔女孩吴羽洁17岁便考入哈佛大学法学院攻读博士学位，她的每一天都在奋力拼搏，为的就是圆自己的哈佛梦。

从13岁开始，吴羽洁便连跳4级，以全美第一名的成绩考上美国加州大学；16岁时考上美国伯克莱大学攻读硕士学位，并担任大学政治研究所所长助理；直到17岁时，考入哈佛大学。除此之外，她还被评为"洛杉矶最高荣誉市民"、"比尔·盖茨优秀学生"，被人们盛赞为"天才少女"。

吴羽洁回国之后进行了首次演讲，在演讲的最后，她激动地说："哈佛之梦造就了我！我们是中国人，我们每天都在拼搏！"

这样的故事每一天都在上演，因为梦想，让我们全力以赴；因为梦想，让我们坚持到底。对于所有莘莘学子来说，哈佛大学都是他们的梦想圣地，考入哈佛，不仅可以带给他们荣誉，更意味着梦想实现的可能，意味着一个成功美好的人生。

■ 罗森塔尔效应——心想事成的力量

罗森塔尔效应，也称皮格马利翁效应或期待效应，由美国著名心理学家罗森塔尔和雅各布森验证提出的。是指通过暗示的力量，让梦想变为现实。

你期望什么，就会得到什么，换句话说，你得到的不是你想要的，而是你期待的。这是一种通过潜意识的力量达到心想事成的方法，在心理学上被称为罗森塔尔效应。

美国著名心理学家罗森塔尔曾经做过一次很著名的实验：他和助手来到一所小学，告诉校领导要进行一个"未来发展趋势测验"，并很严肃地将一份"最被看好，最有前途"的学生名单交给了校长和相关教师，告诉他们务必要保密，以免影响实验的准确性。

其实，这些名单上的学生都是随机挑选出来的，但校长和相关教师对于权威却没有一点怀疑。8个月后，不可思议的事情发生了，那些在名单上的学生成绩都有了较大的提升，且各方面表现得都很优秀。

显然，罗森塔尔的"权威性谎言"发生了作用，相关教师受到了暗示，而他们又在潜意识中通过情绪、语言和行为等传染给了学生，使学生们强烈地感受到来自教师的热爱和期望，因此变得自尊、自信和自强，从而取得了明显的进步。这就是著名的罗森塔尔效应。

看过一个故事，讲的是一个美国中学生，这个孩子平时的成绩非常不错，然而他接到相关当局寄给他的信，上面写着score（计算）是98分，他误以为这是自己的智商成绩。而当他查阅相关资料后，得知这样的智商很难应付大学的课程。此后，为了考上大学，他开始更加勤奋地学习，然而事与愿违，他的成绩越来越糟。

学校老师为此找他谈话，质问其学习成绩一落千丈的原因。这位学生回答说："先生！您不能怪我啊！因为我的智商只有98，我已经很努力了！"

老师问清原因后大惊，告诉他说："你搞错了，score98并不是你的智商成绩，而是百分比例，说明你比全国98％的考生成绩都要好，也就是说你是全国最优秀的一批学生。"

从这个故事中可以看出，暗示的力量是多么重要，如果你往积极的方面想，就会发生一些好的事情；如果你往消极的方面想，就会发生不好的事情。

作为青少年来说，一定要掌握这种心想事成的魔法，它会帮你解决很多问题。

（1）写下自己最期待发生的事情

孩子们，将所有梦想中最期待发生的那件事写下来，挂在房间中最显眼的地方，确保每一天都能看到它。反复审视自己最大的梦想，仔细思考，为了实现它你愿意付出怎样的努力，制订怎样的计划。举例来说，你心中梦寐以求之事就是考入哈佛大学，那么你可以将哈佛大学的照片挂在屋里，并且了解一切与哈佛大学有关的信息，包括报考哈佛大学需要哪些条件，自己是否具备足够的实力，付出怎样的努力才能实现这个梦想等等。长此以往，你所期待的事也许真的就会发生。

（2）督促自己，让梦想进入倒计时

孩子们，不要以为把梦想挂在墙上就ok了，因为你很可能不会看到梦想照进现实的那天，为了实现梦想，你还需要付出很多。为了监督自己，给每一个梦想设定日期，制作一张梦想时刻表，采用倒计时的方式，督促自己去成功。

（3）以终为始，想象梦想成真后的样子

每一天，在脑海中反复描绘梦想成真后的喜悦情景，身临其境，想象自己已经获得成功，并按照成功后的模式学习生活。你可以想象自己已经考入哈佛大学，在校园中与同学们共同探讨问题，分享快乐；幻想自己掌握了多种语言，与来自世界各地的同学们称为朋友。久而久之，你的潜意识就会出现一个成功的自己，那是未来成功后的自己，而你只是将其搬到了今天。这种方法可以有效增强自信，加速成功的脚步。

（4）你需要制定具体的、有针对性的计划

没有计划的梦想都是空想，所以，你的每一个梦想都必须辅以具体的行动计划，包括前期准备，完成日期，实施步骤，后续计划，补救措施等等。仍然以考入哈佛大学为例，你需要制订完善的学习计划，不仅要保证出色的学习成绩，还要通过TOFEL和SAT，练习口语以应对日常交流，参加足够的社会活动（这也是哈佛大学看重的学员能力之一），培养自己的个性以及多方面的兴趣爱好等等，毕竟，哈佛大学不是以学习成绩作为唯一的考核标准。

（5）用实际行动检验你的计划

没有行动，之前的一切步骤都是空谈，付诸行动是任何梦想实现的前提条件。所以，孩子们，不管你之前的计划有多么完美，如果不行动，那么永远不会见到梦想成真的那天。立即行动是一种非常好的习惯，同时也是一种非常重要的工作能力，一旦养成习惯，将大大提高效率。

——— 哈佛亿万富豪给青少年的成长箴言 ———

对于渴望改变命运的青少年来说，哈佛大学无疑是梦开始的地方，一旦成功跻身全世界最著名的学府之一，此后的人生必将一帆风顺。毕竟，从这里走出来的人，没有草包。

中国与美国相隔万里，远在天边的哈佛大学却又近在咫尺，因为它早已深深植根于每一个莘莘学子的心中，那么神圣，那么庄严。

孩子们，无论你的能力高低，才智如何，哈佛大学都应该成为你的梦想，不管结果如何，至少你曾经勇敢追寻过。即使最终未圆哈佛梦，但在努力拼搏的过程中，你已经积累下很多知识、能力、经验，足够应对未来的生活。到那天，你会发现，自己已经成为同龄人中的佼佼者，拼搏的过程就是你骄傲的资本。

🏆 点燃创业激情的圣地

■ 天使投资人最爱哈佛毕业生

信息服务公司CB Insights曾经发布过一份《大学创业报告》，里面提到了最受天使投资人以及风险投资人青睐的学生出自两所高校：一是哈佛大学，另一个是斯坦福大学，很显然，从这里毕业的学生们所建立的公司更靠谱。

这份创业报告的依据是什么呢？相关人员调查了全美六所顶级高效，分别是斯坦福大学、哈佛大学、纽约州立大学、加州大学伯克利分校、宾夕法尼亚大学，以及麻省理工学院。研究人员发现，从2007年到2011年，这六所高校毕业生创办或领导的企业一共在559笔投资交易中获得了总额126亿美元的资金，而其中哈佛大学与斯坦福大学毕业生的成绩名列前茅。

■ "商人、主管、总经理的西点军校"

"商人、主管、总经理的西点军校"，美国人这样看哈佛商学院，从这里走出来的人更具冒险精神和创业激情，他们来这里不仅是为了财富，还有荣誉。他们进入哈佛商学院深造，不是为了将来给别人打工的，而是要在不久的未来建立属于自己的商业帝国。

哈佛商学院是点燃创业激情的圣地，在这里深造的学子们，会感受到一种空前强烈的创业欲望，随着学习的深入，他们的创业兴趣也在逐渐增长。威廉·萨尔曼教授在接受《纽约时报》记者采访时表示："我根据其他学校的情况，假定这里的企业家精神在过去两年应该急剧高涨。"

根据哈佛商学院2010年的官方统计，从这里走出去的学子们年创办企业30到40家，比2009年的数据增长了50%。这是方向性的改变，之前的毕业生更倾向于给别人打工，比如进入投资银行或者咨询行业，而现在，他们已经准备好给自己当老板了。

正是这种哈佛商学院的企业家精神支撑他们一次次勇敢创业，他们是华尔街的宠儿，他们是天之骄子，他们不愿再依附别人，而是希望用自己的大脑去改变世界。

这里是世界上最神奇的地方之一，储藏着无尽的创意与财富，也许下一个世界首富就将从这里诞生。

■ 创业是一种习惯

随着时代的发展，创业已经成为一种习惯，深深烙印在哈佛学子的心中，进入法佛大学，无论是否有幸在哈佛商学院读书，这群决定着未来的年轻人都有着同样的梦想，他们不甘心再去为别人的梦想卖命，他们要成立自己的公司，将自己的理念变为现实。

毕业于哈佛大学法学院的陈佳蓓，毕业后进入了一家顶级律师事务所，这是一份令无数人羡慕不已的工作，然而她却对自己的职业生涯感到困惑。经过一段时间的工作，陈佳蓓发现这并不是自己梦寐以求的工作，虽然拿着高薪，但自己就是不喜欢这份职业。

就像很多怀揣梦想的毕业生一样，进入社会之前在脑海中浮现出一幅景象，毕业之后又会出现另一幅景象，而后者则更加贴近自己的梦想。

陈佳蓓发自内心的创业梦想越来越强烈，作为一名哈佛学子，她感到无比自豪，她不会任由自己听命于别人的指挥，而希望按照自己的意图做事。就这样，安培公司（Ampere）创立了，这是一家位于纽约的电子商务内衣初创企业，采用了全新的销售模式，公司会按照客户选择的款式，为她们送去不同尺寸的内衣，让他们留下一件最适合的产品。

作为安培公司联合创始人的陈佳蓓表示："我们的顾客尤其喜欢在家里试穿内衣，因为这是非常私密的产品。在商店里试穿可能受到干扰，在网上购买内衣也许会有风险。我们提供两全其美的选择；你可以亲自看到产品，也能享受免费送货和免费退货的服务。"

内衣在美国乃至全世界都是一个规模庞大的产业，陈佳蓓正是看到了其中的商机，成立了自己的公司，她终于可以按照自己的理念去工作了，对于她来说，这一点是非常重要的。

■ 难道你天生就该为别人的梦想而卖命吗？

创业的渴望深植于每个哈佛学子心中，当他们羽翼丰满的那天，就再也没有什么力量可以阻止他们。如果说几十年前"美国梦"是全世界人民的梦想，那么时至今日，中国人完全有资格实现心中的"中国梦"。为了实现"中国梦"，国人应该问自己几个问题：

一、难道我天生就是打工的命吗？

中国有句俗语："宁做鸡头，不做凤尾。"这句话在素有"东方犹太人"之称的浙江人身上体现得淋漓尽致，他们宁愿做小买卖，也不愿给别人打工。在我见过的很多年轻人身上，正是缺少这种创业精神，他们宁愿抱着九十分之一的希望去报考公务员，也不愿自己拼一把。别跟我说公务员就是你们的梦想，那是一生安逸的代名词。在美国，由于公务员待遇低，很多年轻人对此不屑一顾，我国公务员的薪水不可能比美国高，那么为何还有这么多年轻人趋之若鹜呢？难道生来安逸就是你们一生的梦想吗？

如果你刚刚进入职场，那么不要急着创业，毕竟学生创业失败的几率是非常大的，况且，你也不是出自哈佛大学，但这并不意味着你的未来就这样了。打工只是暂时的，你是在积攒经验、能力、人脉、资金，总有一天，你会清楚所在行业的运营模式，这时除了勇气，你什么都不缺。

二、受人摆布，忍气吞声，钩心斗角的日子你还没过够吗?

身在职场，没有几个人能不受气，也没有几个人能躲开钩心斗角的大环境，别说你喜欢这样的日子，也别说它能锻炼人？这样的傻话还是留到夜里安慰自己吧。对于社会经验不足的青少年来说，也许并不能很好地理解这一点，他们对于未来的职场生活充满期待。不过，请相信我，大部分人都难逃消极的职场模式，最好的解脱方法就是自己创业。

成功是被逼出来的，很多人选择创业也是无奈之举，这不要紧，即使没有哈佛人强烈的创业精神，也不妨碍我们取得属于自己的成功。我见过很多人，一句"我受够了"撂挑子走人，自己做起了小买卖，虽然最终没有成大器，但他们却过得很开心，自己给自己当老板，至少不用再生闷气。

三、当个人理念无法实现时，你还有必要坚持吗?

如果你喜欢自己的职业，就会有梦想，有目标，当你的工作进展到一定程度时，一定会形成自己的工作理念。这时，如果个人理念与公司理念不符，那么个人只能做出让步或牺牲，而更让人无奈的是，你发现无论换到哪里工作，永远是让步或牺牲的那个，你终于意识到自己的理念永远不会实现。这时，如果你坚定自己的梦想，那么是时候自己创业了。

佛魔法哈课 青少年创业意识自我养成训练

（1）人生有很多条路可走，打工不是唯一出路

对于青少年来说，由于还没参加工作，对打工还是创业的感受并没有那么深刻，可以通过与父母聊天，与老师沟通等方式，了解它们之间的区别，并结合自身情况分析，找出最合适的发展方向。

（2）优势与劣势的自我分析

充分了解自身的优势与劣势，才能准确分析将来的发展道路。以我为例，学生时代起我就发现自己喜欢追求自由自在的生活方式，耐得住寂寞成了我的"优势"，而我的劣势也很明显，不喜欢与人沟通，不喜欢被人约束，所以在工作几年后毅然辞职创业。

（3）创业最好依托于个人兴趣

唯有将个人目标与兴趣相结合，创业才能长久，同时也能找到奋斗的意义，以及感受到创业带来的快乐。对于青少年来说，平时多与志同道合的同学、朋友聊聊感兴趣的话题，想办法将个人兴趣变为自己的事业，既丰富了业余生活，也能培养创业意识。

（4）培养合作意识

独自创业的难度是很大的，尤其对于缺少经验与人脉的年轻人，所以与人合作创业成为最常见的方式。这就要求青少年从小培养合作意识，独来独往的行事风格很显然不适合这个时代。在合作过程中，你可以学到很多，更重要的是形成良好的人际关系，积累人脉，这也是进入社会之后最重要的能力。

（5）多关注创业方面的资讯

对于青少年来说，获得创业方面资讯的方式有很多，比如书籍、网络、报纸、电视等等，平时多关注这方面的信息，有助于创业意识的养成。

（6）攒钱

任何创业都是需要资本的，青少年赚钱的渠道不多，但也可以有意识地为自己积累创业资金。比如，将零花钱攒起来，通过假期打工赚钱等等。同时，在攒钱的过程中，还可以培养理财意识，并认识到工作的艰辛，对创业有一个更为深刻清醒的认识。

────── 哈佛亿万富豪给青少年的成长箴言 ──────

"创业"这个词对于我国的青少年来说似乎有些遥远，甚至很多孩子想都不敢想，然而在美国，青少年创业的情况很普遍，以哈佛大学为例，那些肄业的天才们数不胜数：比尔·盖茨、马克·扎克伯格、巴吉明斯特·富勒……此外，还有一些如雷贯耳的名字，如已故苹果公司掌门人乔布斯、被誉为美国历史最牛建筑师的弗兰克·赖特、曾导演过《泰坦尼克号》与《阿凡达》的美国著名导演詹姆斯·卡梅隆、奥斯卡金像奖影帝汤姆·克鲁斯、高尔夫球第一人老虎伍兹、美国当红艺人史蒂芬妮……

举这些名人的例子，并非鼓励大家辍学创业，毕竟这些人都属于极其罕见的天才，不是谁都能达到他们的高度。举例的目的在于鼓励那些立志有所作为的年轻人，一旦时机成熟，便可以勇敢地尝试。趁年轻，拼一把，一辈子都不会后悔。

哈佛商学院：造钱梦工厂

■ 哈佛商学院

　　哈佛商学院（Harvard Business School，简称HBS），是美国培养企业人才的最著名的学府，这里是盛产超级富豪的地方，被美国人称为商人、主管、总经理的西点军校，很多知名企业家都在这里学习过。

　　U.S. News整理出财富500强中的TOP100公司CEO的教育背景，其中21人出自哈佛大学，哈佛商学院在USNews2014年美国大学研究生排名中名列第一。

　　哈佛商学院副院长Warren McFar Lan谈到："世界500强CEO里头有三分之一有MBA学位的，像通用电器，通用汽车，大公司里头有很多哈佛毕业生。美国很多风险投资的企业在硅谷，其中百分之六十公司的CEO是控制在哈佛的毕业生手里面。"他还说："一个世纪以来，哈佛培养了许多商界领袖，他们改变了所在的企业，甚至改变了美国的历史。"

　　来自哈佛大学的调查报告显示，从哈佛商学院毕业的MBA学员，25年后，有30%的人成为企业的CEO或公司合伙人，20%的人在世界500强的企业中担任重要职务。即使在美国失业率高达7%的经济萧条时期，来自哈佛商学院的学员们，依然是众多企业哄抢的对象，他们可以从容挑选年薪10万美金以上的工作。

这就是哈佛商学院，拿下MBA（工商管理硕士）学位，也就成为金钱的象征，这里是全世界很多人梦寐以求的地方。

哈佛商学院就像是富豪梦工厂，是一个制造"职业老板"的"工厂"，出自哈佛商学院的MBA学员有着极其强烈的财富意识，他们渴望成功，凭借敏锐的预见力，高人一等的智慧以及果断的执行力，他们成功实现了一次又一次商业奇迹。

如果说这些人有什么缺点的话，那么就是与生俱来的那么一点小骄傲，以及最让美国人羡慕嫉妒恨的超高薪水。

哈佛商学院是全美，乃至全世界最负盛名，最有权威的管理学校之一，它的基金高达2.5亿美元，比美国所有其他管理学校的总和还多。

考入哈佛大学，进入哈佛大学商学院，也就开启了改变命运的第一步，很可能意味着又一个财富传奇的诞生。这里是梦开始的地方，你的一切梦想都可以从这里成为现实。

■ 造钱梦工厂

之所以称哈佛商学院为造钱梦工厂，不仅因为它已经在全世界成为一个炙手可热的品牌，更重要的是它的赚钱能力。仅在2002到2003财政年度，哈佛商学院就创造了2.94亿美元，净利润超过800万美元。

那么，哈佛商学院靠什么赚钱？资料显示，哈佛商学院每年仅从出版物一项就可以进账9300万美元，各种专业的案例分析也让其收益颇丰；各大公司高管都会来这里镀金，而哈佛商学院的高昂学费也是学校的主要收入来源。

除此之外，哈佛商学院的学费收入也是学校的赢利点之一，虽然学费比最主要的两个竞争对手——斯坦福商学院和沃顿商学院低，但其他费用同样不低。无论是学习需要的资料，住宿费，健身中心等等，都需要单独收费。

哈佛商学院被誉为造钱梦工厂有两层含义：第一是其自身的赚钱能力；第二指的是从这里走出来的毕业生们，也具有相当强悍的赚钱能力。

很多企业高管都不惜花费重金来此镀金，为的就是拿到一张哈佛商学院的文凭，以及得到与为数众多的优秀学员交流的机会。

那些企业高管不是傻子，绝不会花冤枉钱，他们花费重金来念哈佛商学院，就很清楚自己能够得到什么。在这里，他们学到知识，结识人脉，从而在未来赚到几倍、几十倍的学费。

对于哈佛商学院全日制的学生来说，既然能够考入这所全世界顶尖商学院，就不怕没钱念完大学，因为他们很清楚，从这里走出去之后意味着什么，世界500强公司的高薪正在等着他们，他们是天之骄子，未来的华尔街之王。

这就是被誉为"造钱梦工厂"的哈佛商学院，在这里，每个人都能看见金光闪闪的未来，等待他们的将是美好富足的人生。

■ 前哈佛商学院院长基姆·克拉克访谈

以下是《人民日报》记者马世琨、张勇对基姆·克拉克的访谈摘要：

记者：哈佛商学院有何特别之处？

基姆·克拉克：学院1908年创办之初就确立了培养领袖的目标，即让学生毕业后成为大公司总经理和商界领导者。通过学习，不仅要让他们掌握行之有效的管理技能，还要让他们树立改良社会、兼济天下的远大理想。

哈佛商学院的特色，一是其开创的案例教学法。这种方法如今被世界绝大多数商学院仿效，其好处是把教学与实践紧密结合。教师跟踪公司运作的实践，进行实地调查，写出一个个成功或失败的商业管理案例，在课堂上交给学生讨论，并让他们提出各种解决方案。当这些工商管理硕士毕业时，已经解决了数百个不同类别的管理难题。二是校园生活和校友关系。他们走上社会以后相互提携，形成一个有很强凝聚力的校友会和关系网。

记者：您能否用几句话概括哈佛商学院的成功诀窍？

基姆·克拉克：培养领袖的使命，成为我们办学的巨大驱动力。其次是追求卓越。高远的战略与杰出的人才相结合，是哈佛商学院成功的核心。

记者：在美国，世界一流的商学院还有不少。作为领跑者，哈佛商学院面临哪些挑战？是否感到压力？

基姆·克拉克：有几个重大挑战。一是如何发展教师队伍。我们必须寻找和雇用许多高素质的教员，以适应新的需要。二是选准发展道路。新经济给我们提出许多崭新的要求，也提供了巨大的机遇，但我们必须有所为有所不为。如何扩大教学范围，同时保持教学水平，是一个挑战。三是教育的技术手段正在变化。因特网和多媒体技术使教学方式更加多样化，而且成本低廉。

2004年，基姆·克拉克在上海参加首次于中国举办的"哈佛商学院全球领袖论坛"时接受记者采访摘要：

录取精英的三个重要标准

谈到哈佛商学院录取精英的标准，基姆·克拉克表示："有三个重要的标准，首先，学术水平表现要'超常'，这是一个基本要求；其次，看申请人是否具有领导的才能；第三，就是个人素质，包括是否具有责任心和道德感，能否赢得别人的信任。"

哈佛商学院的使命及战略

基姆·克拉克："我们的使命，是培养商业界的精英级领袖，盼望我们培养的商业精英可能创造更美妙的世界。"谈及战略，他说："哈佛商学院的战略实在非常简略：首先，就是明确的使命——'以不同寻常的方式'培养我们今天所说的精英级领袖。这是哈佛商学院战略的最大特色。我们的战略是专一于培养学生的领导才能和综合管理能力。"

在西方国家，父母非常重视孩子的财商教育，以美国为例，看看家长是如何训练孩子们的财商的：

（1）割草赚钱买股票

柏特里克·朗的大儿子瑞安在其12岁生日那天要了一份生日礼物，这份礼物放在中国孩子身上，可能很难想象，当我们的孩子还在希望得到iPhone、iPad的时候，瑞安竟然想要一台割草机。这是为什么呢？因为瑞安已经开始考虑赚钱了，那年夏天，他依靠帮人割草赚了400美元。父亲帕特里克给出了理财建议，让瑞安用来投资，而瑞安选中了耐克公司的股票，并因此迷上了炒股，开始学习相关内容。

（2）打零工赚两份钱

圣路易斯州的唐恩·里士满有11个孩子，他为每个人设立了一个共同基金，他们每赚1美元，唐恩就在基金里投入50美分。孩子们会做诸如打扫卫生、修剪草坪这样的零工，以赚取零用钱。年纪大些的孩子，甚至赚够了上大学的钱。

（3）培养理财耐心

新罕布什尔州的拉尔夫·布里斯托在她女儿作为露营队顾问赚到人生第一笔收入之后，果断把这笔钱放进女儿的个人退休账户，并详细地向她解释再投资的诸多好处，以及复合利率的优势等。如今，她的女儿已经是一名很出色的理财专家了。

─────── ❀ 哈佛亿万富豪给青少年的成长箴言 ❀ ───────

目前的中国社会，总给人一种不好的感觉，似乎金钱成为衡量成功的唯一标准。不可否认，在很多人眼中，钱是唯一的标准。在每日的闲谈中，都离不开"钱"的问题，似乎"钱"成为人们生活中的唯一问题。

哈佛大学的宗旨并不是培养出一个个"钱串子"，而是培养出杰出的个人。在美国流行这样一句话："先有哈佛，后有美国。"足以看出哈佛大学的教学理念。然而，在今日的中国，在很多父母的意识中，"有钱人的幸福生活"仍然是培养孩子的主要目的。

即便如此，如果将赚很多钱作为成功的唯一标准，那么哈佛大学同样可以满足你，有着"造钱梦工厂"美誉的哈佛商学院，能够实现每一个学子的财富梦想。它不仅自身具备很强的赚钱能力，从这里走出来的学生们，就像镀了一层金，财富会在未来翻几番。

如果财富是你追求的目标，那么哈佛商学院将会帮你实现梦想。

🏆 考上哈佛，重塑人生：莉丝·默里的蜕变之路

■ 感动整个美国的"wonder girls（奇迹女孩）"

她是谁？拥有怎样的人生经历？为什么会让整个美国为之感动？

她叫Liz Murray（莉丝·默里），之所以被全美关注，是因为她颠沛流离的命运以及自强不息的奋斗精神，而最吸引人们眼球的字眼，无疑是"哈佛大学"四个字。

是啊，谁能想到这样一个女孩竟然考入了美国顶级的哈佛大学，她的经历就是一部个人奋斗史，激励并震撼着每一个人的心灵。让我们一起看看莉丝·默里的个人经历：

■ 吸毒成瘾的嬉皮士父母

莉丝·默里和其他考入哈佛大学的孩子不同，没有良好的家庭背景与经济条件，却凭借着自强不息的精神完成了自我救赎，这是一次蜕变之旅。

莉丝·默里和姐姐出生在美国纽约最臭名昭彰的贫民窟之一的布朗克斯区，居民以非洲和拉丁美洲后裔为主，犯罪率在全国数一数二。70年代

到80年代，这里经常发生纵火案，后来在纽约政府的大力打击与治理下才有所改善。如果你是一位资深影迷，应该对这个地区并不陌生，很多黑帮题材的影片都是以此地作为背景而拍摄的。

这就是莉丝·默里的出生地，一个在当时看来毫无希望的地方。相比于糟糕的生活环境，更让莉丝·默里无法接受的是父母的改变。她回忆说，当年父母很爱她们，一家人生活幸福，然而当父母染上毒瘾之后，一切都变了。

随着父母的毒瘾越来越严重，微薄的福利金已经无法满足他们的需求，更别说供养两个孩子生活。莉丝·默里记得，为了吸毒，母亲曾偷过她过生日攒下来的零花钱，卖过家里的电视机，卖过姐妹俩的衣服，甚至在感恩节的时候把教堂给他们的火鸡也卖掉了，只为了凑足钱去吸一口可卡因。

莉丝·默里和姐姐经常挨饿，对她们来说，那段日子苦不堪言。她回忆说："我们那时吃冰块，因为这样我们会有吃到食物的感觉。我们把一条牙膏分成两份，一人一半，当做晚饭吃。"

莉丝·默里因此背上了巨大的心理压力，没钱买新衣服，甚至没钱洗澡，经常衣衫褴褛地出现在学校，夏天的时候身上还会散发出异味，为此经常被同学嘲笑与欺负。不久之后，姐妹俩便退学了。

那时候，母亲总是安慰她们说："总有一天，生活会变好的。"对此，莉丝·默里深信不疑，然而她的妈妈就没有这么幸运了。在莉丝·默里15岁那年，母亲被检测出艾滋病毒，不久便离开了人世，她没有机会看到生活变好的那天了。

■ 一个人流浪

母亲去世后，莉丝·默里的父亲一个人无法支付房租，搬到了流浪者收容所，莉丝的姐姐则在朋友家勉强落脚，而小莉丝则开始了流浪生活，有时候在24小时运行的地铁上睡到天明，有时候则睡在公园的长椅上。

16岁，莉丝·默里开始了一个人的流浪生涯，虽然没有机会接受正规教育，但她从未放弃学习的机会，因为她发誓要改变命运。

为了生存，莉丝·默里靠乞讨度日，有时候饿极了还会偷东西吃，不过她也没有忘记偷一些书籍自学，之后便借朋友家的门厅研读功课。

在莉丝·默里成功后，有记者问她："你曾经睡在街上，流浪，你有没有觉得自己很可怜。"莉丝回答说："我为什么要觉得可怜，这就是我的生活。我甚至要感谢它，它让我在任何情况下都必须往前走。我没有退路，我只能不停地努力向前走。我为什么不能做到？"

■ 蜕变之路

在15岁以前，莉丝·默里并没有什么太大的追求，她只想着改变贫困的生活，将来找到一份养活自己的工作就行了。然而，在母亲去世前的一段日子里，莉丝·默里决定要结束这种地狱般的生活。

莉丝·默里15岁时，母亲被检查出感染艾滋病，此后她一直陪伴在母亲身边。病情严重的时候，母亲甚至会呕吐一整天，但是当病情稍有好转，母亲又会继续沉迷于毒品之中。看着母亲布满针孔的臂膀，莉丝·默里发誓一定要改变自己的命运，决不让这样的悲剧在自己身上重演。

莉丝·默里顿悟了。"就像我妈妈以前那样，我总是对自己说，'有一天我会搞定我的生活的。'可当我见到我妈妈直到死还是没能实现自己的梦想时，我明白了，我做出改变的时间要么是现在，要么就永远不可能了。"她说。

当莉丝·默里认识到这一点之后，她开始渴望改变，渴望成功，并不只是赚很多钱，而是做一个对社会有用的人，因为她曾经目睹了父母的颓废与萎靡。她意识到，想要改变只有一条路，那就是重新回到学校，接受教育。从那时起，哈佛大学进入了她的视野。

17岁时，莉丝·默里重新回到了学校，她一边打工维持生计，一边在学校读书，她付出了几倍于别人的努力。在那段日子里，莉丝·默里不止一次想到了放弃，可她再也不能回到之前的生活状态，她只有继续奋斗。当学期结束的时候，莉丝·默里成为了学校成绩最优秀的学生之一。

仅用了两年时间，莉丝·默里就完成了高中四年的课程，而且每门学科的成绩都在A以上。她以全校第一的成绩和顽强克服困难的经历获得《纽约时报》的奖学金，从此，她的故事开始出现在纽约的报纸上。好心的民众纷纷出资，支持莉丝·默里上大学。

高中毕业前，老师带着莉丝·默里等几位全校最优秀的学生来到哈佛校园，这是莉丝·默里第一次近距离感受哈佛大学，一种能难以言表的情绪震撼着她的心灵，看着走在校园中的哈佛学子，她问自己："这些人和我有什么区别吗？为什么他们能够在这里学习？是命运还是因为他们的出身？人的出身真的有很大区别吗？如果不是出身又是什么造就了不同的人生呢？"

莉丝·默里决定挑战自己，她决定申请哈佛大学，完成人生中的一次华丽蜕变。最终，莉丝·默里如愿以偿，凭借优异的成绩被哈佛大学录取，在接到录取通知书的那一刻，她曾喜悦地表示："我感觉就像长出了翅膀，我可以做到我想做的事。"

■ 那些像莉丝·默里一样的女孩

莉丝·默里被称为"奇迹女孩"，但并不是唯一，像她一样的女孩还有很多，洛金斯就是一位。

据美国《星岛日报》报道，我们得知，来自美国北卡罗来纳州伯恩斯高中18岁的洛金斯与莉丝·默里有着同样悲惨的经历，却凭借自身的努力考入了哈佛大学，完成了华丽的人生蜕变。

洛金斯的父母同样因为吸毒而导致家境衰败，根据洛金斯本人的形容，小时候家里没电没水，她要与兄弟走20分钟的路到公厕取水，那时他们两三个月都洗不了澡，连续几星期穿同一套衣服。

由于父母吸毒，一家人总是居无定所，洛金斯短短的高中生涯中就转校四次。高中夏令营之后，母亲与继父不辞而别，幸亏好心的校车司机收留了她，这是她人生中第一次找到了安定的感觉。从此之后，她开始全身心投入学习，她要改变自己的人生。

招生的日子到了，州内四家大学纷纷发来邀请，可她还在等待，因为她的梦想是进入哈佛大学。直到一天，她在打扫学校花园时，发现了哈佛大学寄来的信，她忐忑不安地打开后，发现自己的梦想终于实现了。

又是一个可以称为奇迹的故事，又是一个"奇迹女孩"，和莉丝·默里一样，她们有着相似的经历，同样的梦想。她们发誓改变命运，她们要做到最好，她们很清楚，哈佛大学是可以改变命运的地方，她们真的成功了。

哈佛魔法课 青少年追求卓越、重塑自我训练

（1）感激（Appreciative）

如果你觉得生活没有意义，如果你觉得人生迷惘无助，说明你正处于人生的迷茫期。不用害怕，每一个年轻的生命都会经历这一过程，你要学会感激，感谢你遇到的人，感谢晴朗的天空，感谢朝霞，感谢父母，感谢同学，感谢生活的美好……试着说声"谢谢"，生活会变得更好。

（2）热心（Zealous）

对生活热心，对他人热心，你会提振他人的情绪，同时得到积极的反馈。

（3）乐观（Optimistic）

试着用彩色水笔记录今天发生的最好的事情，然后贴在电脑、床头等容易看到的地方，它能够不时地提醒你，生活原来如此美好。

（4）和平（Peaceful）

不看暴力节目，远离暴力行为，与人为善。

（5）安静（Quiet）

告别喧闹，每天学习的压力很大，不要再让身心被世俗沾染。听听音乐，散散步，接近自然，拿一本书，品一杯茶，静静地感受安静的时光。

（6）慷慨（Unselfish）

虽然你还在上学，没有经济收入，但你一定有零花钱，学会分享，不要吝啬，你的朋友会变得更多。

（7）勇敢（Brave）

说出你的恐惧，将你最害怕的事情写出来，你会发现，你要战胜的，原来不是恐惧，而是自己。

（8）创新（Creative）

创新给生活带来改变，学会创造吧，你的人生将会丰富多彩。

（9）善良（Kind）

对世界充满善意，对每个人表达仁爱的一面，尽力而为，帮助那些需要的人，你会因此而感到满足。

（10）活力（Vigorous）

因为你还年轻，每天都要保持精力旺盛，充满活力地投入生活。你的活力绽放，将会给他人带来正能量。

（11）疯狂（Wild）

偶尔也要做一些不同寻常的事情，这会激发你的激情与创造力。毕竟，生活太无聊，疯狂一把又何妨？

（12）生活情趣（Exuberant）

不要做一个沉闷的人，生活有那么多美好的事情，去做你喜欢的事，跑跑步，打打球，养花读书听音乐，把你的业余时间利用起来，不要让日子变得枯燥。

哈佛亿万富豪给青少年的成长箴言

孩子们，命运是可以改变的，不要再相信宿命的传说。无论你的前身如何，你都有机会摆脱它们，实现你的梦想，过上你所想要的生活。如果你的出身不好，不要紧，你只需要比别人多付出一点，你就拥有了梦想成真的机会。

孩子们，无论之前的人生有多么糟糕，你都有重塑人生的权利与机会，一定不要轻易放弃或错过机会，每当你的年龄增长一岁，你实现梦想的热情也会随之消减一度。

在醒着的时间里，追求你认为最有意义的

■ 哈佛校长Drew Gilpin Faust给2008年本科毕业生的演讲

这是摘自网络的哈佛女校长Drew Gilpin Faust给2008年本科毕业生的演讲，很遗憾没有查到译者，现与大家分享如下，再次感谢译者的精彩翻译：

记住我们对你们寄予的厚望，就算你们觉得它们不可能实现，也要记住，它们至关重要，是你们人生的北极星，会指引你们到达对自己和世界都有意义的彼岸。你们生活的意义要由你们自己创造。

这所备受尊崇的学校历来好学求知，所以你们期待我的演讲能传授永恒的智慧。我站在这个讲坛上，穿得像个清教徒牧师——这身打扮也许会把很多我的前任吓坏，还可能会让其中一些人重新投身于消灭女巫的事业中去，让英克利斯和考特恩父子出现在如今的"泡沫派对"上。但现在，我在台上，你们在底下，这是一个属于真理、追求真理的时刻。

你们已经求学四年，而我当校长还不到一年；你们认识三任校长，我只认识一个班的大四学生。所以，智慧从何谈起呢？也许你们才是应该传授智慧的人。或许我们可以互换一下角色，用哈佛法学院教授们随机点名提问的方式，让我在接下来的一个小时里回答你们的问题。

让我们把这个毕业典礼想象成一个问答式环节，你们是提问者。"福斯特校长，生活的意义是什么？我们在哈佛苦读四年是为了什么？福斯特校长，从你四十年前大学毕业到现在，你肯定学到了不少东西吧？"四十年了。我可以大声承认这个时间，因为我生活的每一个细节——当然包括我获得布尔茅尔学位的年份——现在好像都能公开查到。但请注意，当时我在班里还算岁数小的。

可以这么说，在过去的一年里，你们一直在提出问题让我回答，只不过你们把提问范围限定得比较小。我也一直在思考应该怎样回答，还有你们提问的动机，这是我更感兴趣的。

其实，从我与校委会见面时起，就一直被问到这些问题，当时是2007年冬天，我的任命才宣布不久。此后日渐频繁，我在柯克兰楼吃午饭，我在莱弗里特楼吃晚饭，在我专门会见学生的工作时段，甚至我在国外遇见毕业生的时候，都会被问到这些问题。你们问我的第一件事不是问课程，不是教师辅导，不是教师的联系方式，也不是学生学习生活的空间。实际上，甚至不是酒精限制政策。你们反复问我的是："为什么我们很多人都去了华尔街？为什么我们哈佛毕业生中，有那么多人进入金融、咨询行业和投资银行？"

要思考并回答这个问题，有很多方式。比如威利·萨顿式的。当他被问及为什么要抢银行时，他回答："因为那儿有钱。"你们中很多人都在经济学课上见过克劳迪娅·戈尔丁和拉里·卡茨两位教授，根据他们从70年代以来对学生择业的研究，得出的结论大同小异。他们发现，值得注意的是，虽然金融行业有极高的金钱回报，还是有很多学生选择了其他工作。

确实如此，你们中有37个人已经和"为美国而教"签约；有一个会去跳探戈，去阿根廷研究舞蹈疗法；还有一个将投身于肯尼亚的农业发展；一个拿了数学荣誉学位的人要去研究诗歌；另一个要去美国空军受训当飞行员；还有一个要与乳癌作斗争。你们中有很多人会去读法律、医学、或其他研究生。但是，绝大多数人选择了金融和咨询，这与戈尔丁和卡茨的调查结果不谋而合。《克里姆森报》对去年的毕业班作了调查，结果表明，参加工作的人中，58%的男生和43%的女生做出了上述选择。虽然今年经济不景气，这个数字还是达到了39%。

高额的薪水、几乎难以拒绝的招聘方、能与朋友一起在纽约工作、享受生活，以及有趣的工作——有很多种理由可以解释这些选择。你们中的一些人本来就决定过这样子的生活，至少在一两年之内是这样。另一些人则认为先要利己才能利人。但是，你们还是问我，为什么要走这条路。

在某种程度上，我觉得自己更关心的是你们为什么问这些问题，而不是给出答案。如果戈尔丁和卡茨教授的结论是正确的，如果金融行业的确就是"理性的选择"，那么你们为什么还是不停地问我这个问题呢？为什么这个看似理性的选择，会让你们许多人觉得难以理解、不尽合理，甚至在某种意义上是出于被迫或必须，而非自愿呢？为什么这个问题会困扰你们这么多人呢？

我认为，你们问我的其实是生活的意义，只不过你们提出的问题是经过伪装的——提问角度是高级职业选择中可观察、可度量的现象，而不是抽象的、难以理解的、令人尴尬的形而上学范畴。"生活的意义"——是个大大的问题——又是老生常谈——把它看成蒙提派森的某部电影的讽刺标题或者某一集《辛普森一家》的主题就容易回答，但是当做蕴含严肃意义的话题就把问题复杂化了。

但是，暂时抛开我们哈佛人自以为是的圆滑、沉着和无懈可击，试着探寻一下你们问题的答案。

我认为，你们之所以担心，是因为你们不想自己的生活只是传统意义上的成功，而且还要有意义。但你们又不知道如何协调这两个目标。你们不知道在一家有着金字招牌的公司里干着一份起薪丰厚的工作，加上可以预见的未来的财富，是否能满足你们的内心。

你们为什么担心？这多少是我们学校的错。从一进校门，我们就告诉你们，你们会成为对未来负责的领袖，你们是最优秀、最聪明的，是我们的依靠，你们会改变整个世界。我们对你们寄予厚望，反而成了你们的负担。其实，你们已经取得了非凡的成绩：你们参与各种课外活动，表现出服务精神；你们大力提倡可持续发展，透露出你们对这个星球未来的关注；你们积极参与今年的总统竞选，为美国政治注入了新的活力。

而现在，你们中有许多人不知道如何把以上这些成绩与择业结合起来。是否一定要在有利益的工作和有意义的工作之间做出抉择？如果必须选择，你们会选哪个？有没有可能两者兼得呢？

你们问我和问自己的是一些最根本的问题：关于价值、关于试图调和有潜在冲突的东西、关于对鱼与熊掌不可兼得的认识。你们正处在一个转变的时刻，需要做出抉择。只能选一个选项——工作、职业、读研——都意味着要放弃其他选项。每一个决定都意味着有得有失——一扇门打开了，另一扇窗却关上了。你们问我的问题差不多就是这样——关于舍弃的人生道路。

金融业、华尔街和"招聘"已经变成了这个两难困境的标志，代表着一系列问题，其意义要远比选择一条职业道路宽广和深刻。某种意义上，这些是你们所有人早晚都会遇到的问题——当你从医学院毕业并选择专业方向——是选全科家庭医生还是选皮肤科医生；当你获得法学学位之后，要选择是去一家公司工作，还是做公共辩护律师；当你在"为美国而教"进修两年以后，要决定是否继续从事教育。你们担心，是因为你们既想活得有意义，又想获得成功；你们清楚，你们所受的教育是让你们不仅为自己，为自己的舒适和满足，更要为你们身边的世界创造价值。而现在，你们必须想出一个方法，去实现这一目标。

我认为，你们之所以担心，还有另一个原因——和第一个原因有关，但又不完全相同。那就是，你们想过得幸福。你们趋之若鹜地选修"积极心理学"和"幸福的科学"，想找到秘诀。但我们怎样才能找到幸福呢？我可以给出一个鼓舞人心的答案：长大。调查表明，年长的人——比如我这个岁数的人——幸福感比年轻人更强。不过，你们可能不愿意等待。

我听过你们谈论面临的种种选择，所以我知道你们对成功和幸福的关系感到烦恼——或者更准确地说，如何定义成功，才能使之产生并包含真正的幸福，而不只是金钱和名望。你们担心经济回报最多的选择，可能不是最有意义或最令人满意的。但你们想知道自己到底应该怎样生存，不论是作为艺术家、演员、公务员还是高中老师？你们要怎样找到一条通向新闻业的道路？在不知道多少年之后，完成了研究生学业和论文，你们会找到英语教授的工作吗？

答案是：只有试过了才知道。但是，不论是绘画、生物还是金融，如果你不去尝试做你喜欢的事；如果你不去追求你认为最有意义的东西，你会后悔的。人生之路很长，总有时间去实施备选方案，但不要一开始就退而求其次。

我将其称为择业停车位理论，几十年来一直在与同学们分享。不要因为觉得肯定没有停车位了，就把车停在距离目的地20个街区远的地方。直接去你想去的地方，如果车位已满，再绕回来。

你们可能喜欢投行、金融或咨询，它可能就是你的最佳选择。也许你们和我在柯克兰楼吃午饭时遇到的那个大四学生一样，她刚从西海岸一家知名咨询公司面试回来。她问："我为什么要做这行？我讨厌坐飞机，我不喜欢住酒店，我不会喜欢这个工作的。"那就找个你喜欢的工作。要是你在醒着的时间里超过一半都在做你不喜欢的事情，你是很难感到幸福的。

但是，最最重要的是，你们问问题，既是在问我，更是在问你们自己。你们在选择道路，同时又质疑自己的选择。你知道自己想要什么样的生活，只是不知确定自己所选的路对不对。这是最好的消息。这也是，我希望，从某种程度上说，我们的错。关注你的生活，对其进行反思，思考怎样才能好好地生活，想想怎样对社会有用：这些也许就是人文教育传授给你们的最宝贵的东西。

人文教育要求你们自觉地生活，赋予你寻找和定义所做之事的内在意义的能力。它使你学会自我分析和评判，让你从容把握自己的生活，并掌控其发展路径。正是在这个意义上，"人文"才是名副其实的liberate——自由。它们赋予你开展行动、发现事物意义和作出选择的能力。通向有意义、幸福生活的必由之路是让自己为之努力奋斗。不要停歇。随时准备着改变方向。记住我们对你们寄予的厚望，就算你们觉得它们不可能实现，也要记住，它们至关重要，是你们人生的北极星，会指引你们到达对自己和世界都有意义的彼岸。你们生活的意义要由你们自己创造。

我迫不及待地想知道你们会变成什么样子。一定要经常回来，告诉我们过得如何。

■ 生活是一棵长满可能性的树

米兰·昆德拉说过："生活是一棵长满可能性的树。"

生活遍布偶然性与不可预测性，谁也无法预知未来，下一秒会发生什么，永远是个谜。无论命运怎样开始，它终究只有一个结果，那是每个人的宿命，但从生到死这个过程中，生活将带给我们无限可能。

向前看，生活中任何一次可能性都会带来改变，谁都不是命运的宠儿，谁也不是命运的奴隶。明天，总会出现新的契机。无论你的出身如何，你的命运多么颠沛流离，记住，只要不放弃，生活就会有新的可能。

谁的青春不曾迷茫，年轻时我们都犯过错，彷徨、迷惘、失败、孤单无助……但这并非我们的宿命，也没必要就此低下骄傲的头颅。因为年轻，我们有的是机会；因为生活，总是带给我们无尽可能。

往回倒十年，谁能想象到自己今天的一切？我们改变不了出身，却可以改变之后的人生。莫泊桑说过："生活不可能像你想象得那么好，但也不会像你想象得那么糟。我觉得人的脆弱和坚强都超乎自己的想象。有时，我可能脆弱得一句话就泪流满面，有时，也发现自己咬着牙走了很长的路。"

相信生活的无尽可能，相信命运不会残酷到底，我们哭着而来，必将笑着离去。生活总有太多可能，没有快乐的童年，却拥有了成熟的未来；没有显赫的身世，却得到了拼搏的人生；没有万贯家财，却练就了一身本领……生活是一棵长满可能性的树，今天失去的，明天必将双倍奉还。

生活从来不是一件容易的事：生，容易；活，容易；生活，不容易。

没有经历艰辛与磨难的人不配拥有理想的生活，因为他们不懂生活的意义。巴基斯坦人认为："不抗争而活，是耻辱；不抗争而死，是懦弱；抗争而生，是光荣；抗争而死，也是甘心的。"

你的人生会是什么样子，完全在于你自己，你的每一次付出，都是在为将来积淀无限可能。不在乎启程时的样子，重要的是在到达终点时我们所处的位置。

生活是一棵长满可能性的树，你是一个值得骄傲的名字。

对于无所事事、虚度时光的人来说，生活过于漫长；而对于目标明确，渴望成为哈佛学子的年轻人来说，时间则显得过于紧迫，因为他们还有很多知识要学，还有很多事情要做。在有限的生命中，创造无限的可能，这才是每一个有志青年要做的事。哈佛并不遥远，你要相信，没有到达不了的彼岸，做你认为最有意义的事，坚持你的信念，也许目标最终无法实现，但你终将不枉此生。

■ 失败有一千个借口，"不可能"是最完美的一个

一千个完美的借口，一千次彻头彻尾的失败。

当一个人爱上了借口，也就染上了失败的毒瘾。现实生活中，身边有太多人习惯性地找借口，他们害怕失败，推卸责任，掩盖过失。以为这样可以逃得掉，实际上是在自掘坟墓。

在众多关于失败的借口中，"不可能"是最完美的一个。当一个人讲出这三个字的时候，别人也就不再争论，因为没有必要了。

一个优秀的人如果对现状不满，他会产生强烈的改变欲望。而一个平庸的人，只会为自己找出各种各样的借口。前者中只有少数人能成功，剩下的人与失败者一样，开始自我质疑，开始相信宿命。他们安慰自己"不可能"、"算了吧"、"你没这本事"……很快，他们就说服了自己，与内心妥协；很快，他们就陷入了平庸之境。

不可否认，这个世界只有少数人可以成为优秀的人，而毫无疑问，他们都会经历一段沉默甚至有些痛苦的时光，这期间，"不可能"三个字会

一次次涌上心头，同样会有很多优秀的人开始认命，接受失败的自我。

　　"不可能"是很多人的宿命，也是一个完美的借口，当我们决定接受现状，改变就会从此停止，一切可能性也就随之结束了，之前的所有努力都是白费，我们又重新回到了原点，甘愿接受失败的现状，并且再也没有改变的愿望。

　　美国前总统吉米·卡特曾经在海军服役时申请加入海曼·里科弗上将主持的核潜艇计划，在与上将长达两小时的会谈中，他被问道：

　　"在海军学院你名列第几？"

　　"全年级820人我排在第58名。"

　　"你尽力而为了吗？"

　　"没有。"

　　"为什么不竭尽全力？"

　　你对今天的生活满意吗？你拼尽全力了吗？为什么没有？

　　别让"不可能"成为命运杀手，拼尽全力前永远别说你不行！

　　哈佛大学，这是全世界莘莘学子梦想进入的殿堂，也就是说，你的竞争者来自于世界各地，你将与成千上万名同龄人竞争一个名额，据哈佛大学宣布，在三万余名申请者中，录取率只有5.9%。

　　是的，这是一个近乎残酷的数据，每100人中只有不到6个人能够进入哈佛大学，然而，有人视其为绝望的数据，而有的人却认为这是希望之光。考入哈佛，这不是不可能完成的任务，你还有5.9%的机会，如果你也像众人一样，告诉自己"不可能"，那么此生很可能碌碌无为抑或是错过大开眼界的机会。世界那么大，哈佛那么美，难道你不想去看看吗？

　　别给自己冠冕堂皇的借口，你要做的就是在三万人中胜出，你的目标只有一个，那就是哈佛！

保持乐观的方法

唯有乐观的人生才是有意义的，一个积极的人会更加珍惜时间，在有限的生命中去完成更多的梦想，保持乐观，你的人生将会充满能量。

（1）勇敢地面对变化

生活中，喜怒哀乐，变幻无常，也许这一秒你还在喜悦之中，下一秒悲伤就会降临。这样的变化很正常，乐观者绝不会躲避，他们敢于应付危险，对成功解决问题抱有信心。

（2）当负面情绪来袭时，学会调整

没有一帆风顺的人生，难免经历挫折与失败，也少不了烦恼和苦闷。此时此刻，应及时调整情绪，迅速把注意力转移到别的方面去。

（3）憧憬未来

乐观的人总是相信未来会更好，这是他们的天性，只有这样，才能始终保持奋发进取的动力。无论现实如何残酷，乐观者都愿相信乌云迟早会消散，任何困难都有解决的办法。

（4）忆乐忘忧

漫漫人生路，有美好的回忆，也会有悲伤的往事。即便天性再乐观的人，也会有烦恼的时刻。对于乐观者来说，他们更愿意回忆那些幸福、美好、快乐的往事，而将悲伤、恐惧、忧虑、彷徨的曾经通通忘掉。他们会选择性地失忆，忆乐忘忧，只想开心的事。

（5）拓宽兴趣爱好

开心在于有事可做，尤其是做自己喜欢的事。因此，拓展兴趣爱好非常重要，拥有了广泛的兴趣爱好，生活就会丰富多彩，就会更加充实有活力，那么生活中就会多一些阳光，少一些乌云。

（6）宽以待人

人与人之间总免不了有这样或那样的矛盾，再好的朋友、家人也会有争吵、有纠葛。因此，只要不是原则问题，乐观的人更习惯于宽以待人，与人为善。

（7）向人倾诉

当心情不好时及时倾诉，否则憋久了会生病。首先可以向朋友倾诉，这就需要先学会广交朋友。除此之外，我们可以向亲人倾诉，学会把心中的委屈和不快倾诉给他们，也常会使心境立即由阴转晴。

（8）多听轻松愉快的音乐

当你心情不好时，轻松的音乐可以帮你缓解烦闷，沉浸在优美的音乐中，一切烦恼都会烟消云散。

───────── 哈佛亿万富豪给青少年的成长箴言 ─────────

在一个人没有感受过成功体验之前，可以说，他的人生都是毫无意义的。这样讲也许太残酷，但事实如此，与其苟且地虚度此生，不如在短暂的生命中如夏花般灿烂绽放。青春像昙花般短暂绽放，每个人都不该辜负这份极致之美，在如花的岁月，你要将生命演绎到极致，拼尽一切可能，让人生得以绽放。哈佛从来都不是梦想，它的大门永远向你敞开。

第二章

哈佛富豪身上显现的成功特质（一）

🏆 美国人的"美国梦"

■ 美国梦

美国梦（American Dream），有广义和狭义之分，广义上指美国的平等、自由、民主；狭义上是一种个人信念与理想：在美国，只要经过不懈奋斗，一定可以获得更好的生活。

自1776年以来，世世代代的美国人对此深信不疑，他们通过不懈努力与奋斗改变着自己的命运。两百年来，"美国梦"不仅激励着美国本土的有志之士，同样激励着全世界渴望改变命运的人，来自世界各地的青年人来到这片土地，他们要在这里实现梦想，改变命运。

本节所介绍的是一个美国人的"美国梦"：迈克尔·布隆伯格，从一无所有到万贯家财。

人物：迈克尔·布隆伯格（Michael Bloomberg）

国籍：美国

职位：纽约市长

出生日期：1942年2月14日

毕业院校：约翰·霍普金斯大学，哈佛大学

主要成就：彭博资讯公司创始人，三界纽约市长

个人资产：220亿美元

2013福布斯亿万富豪排名：13

■ 美国梦碎

"我最初和别人一样也一无所有，但我凭借自己的努力出人头地了。"布隆伯格这样形容自己的奋斗史。

形容布隆伯格一无所有显然有些夸张，他出生在波士顿一个中产阶级家庭，犹太人后裔。父亲威廉·亨利·布隆伯格，是名房地产经纪人，母亲夏洛特·布隆伯格，出生在新泽西州，是一个俄罗斯移民的女儿。

迈克尔·布隆伯格自幼受到良好教育，1964年以非常优秀的成绩获得约翰·霍普金斯大学理学学士学位；1966年，获得哈佛大学工商管理硕士学位。

毕业后，布隆伯格开始追寻自己的"美国梦"，他进入了华尔街第一流的投资公司——所罗门兄弟金融投资公司，凭借出众的能力很快成为华尔街大宗股票交易的超级明星，被美国各家权威报纸竞相采访。

这位20岁出头的年轻人，像很多怀揣"美国梦"的孩子一样，拼命地工作着，他从最为基础的手工核账做起，每周工作6天，每天工作12小时。凭借一如既往的勤奋与执着，凭借敏锐的洞察力以及富有远见的商业头脑，仅仅用了6年时间，他就成为所罗门兄弟公司的合伙人。

然而，布隆伯格的"美国梦"并非一帆风顺，1981年，在他年近40岁的时候，布隆伯格迎来了人生中第一次重大挫折。由于所罗门兄弟公司被菲布罗公司收购，布隆伯格就这样被"请"出了实现梦想的舞台。

布隆伯格在人生即将走向巅峰的时刻，在"美国梦"即将成真的时刻被人从高处推了下来，这一次跌倒有多么痛苦可想而知，幸运的是，公司给了他一笔1000万美元的遣送费，这是他东山再起的资本。

■ 梦想实现

梦碎之后，布隆伯格并没有就此放弃，拿着这笔巨款安享晚年，他缺的不是钱，而是成功与梦想。在离开公司一个月后，他利用这笔"分手费"成立了一家只有4个人的小公司,公司定位成一家利用高新技术为金融机构提供资讯服务的公司,起名为"创新市场系统公司",这就是现在庞大的财经资讯巨人——彭博集团的前身。

1990年,布隆伯格加速实现梦想的脚步,开始进军传媒业。1994年,他成立了彭博电视台;1995年,创建彭博网站,成为全美最受欢迎的个人理财网站。如今,美国的大型证券投资机构和资金管理公司等金融机构都是彭博新闻财经数据终端的主要客户。

布隆伯格成功了,他实现了最初的梦想,然而,他从未想过停下脚步。

■ 梦想升级

2001年年初,正当彭博集团的事业蒸蒸日上之时,布隆伯格却做出一个惊人的决定——他要竞选纽约市市长。布隆伯格做出这一决定并非空穴来风,而是源自于多年来的从政梦想,他的梦想不只限于赚很多钱,他想为更多的人服务,他说过:"要是有朝一日人们说,你拯救的生命比历史上任何人都多,那岂不是一件很棒的事?"

为此,布隆伯格组建了一流的竞选团队,凭借得天独厚的传媒背景,通过报纸、广播、电视、电话、电子邮件等手段疯狂拉选票。终于,这位超级富豪在自掏腰包砸出了6900万美元的竞选资金之后,于2002年1月1日成功就任纽约第108任市长。

布隆伯格的梦想再一次成为现实,这一切都源于他的"美国梦"与不懈努力。当记者问布隆伯格"你究竟是为什么想要放弃这一切当市长"时,他回答说:"因为你因此而有机会改变世界,发挥你的影响力。"对于一个想要改变世界的人来说,梦想永无止境。

青少年梦想成真的方法

（1）梦想蓝图

对于哈佛学子来说，自从走进哈佛大学的第一天，他们就意识到之前的一切梦想都有可能会实现，而那些立志成为主宰世界经济的超级大富豪们，会为自己绘制更加宏大的梦想蓝图，他们第一次清晰地意识到，这不是痴人说梦。

（2）自我定位

认识自己，能做什么，不能做什么；多年以后想成为什么样的人，能够成为什么样的人；兴趣、特长、能力、未来市场前景综合考量。

（3）时间管理

为每一个阶段要实现的梦想制定精准的时间表，严格管理自己的时间，将主要精力集中在最重要的事情上，贯彻二八定律，使生产力最大化。

（4）开始行动

立即行动的能力是梦想成真的基础，毕业于哈佛的亿万富豪一旦知道自己想要什么，他们就会毫不迟疑地展开行动，这时候再没有人可以阻止他们。

—————— 哈佛亿万富豪给青少年的成长箴言 ——————

这个世界上不光只有一种梦想，除了"美国梦"之外，还有很多可以成功的机会。2012年11月29日，中华人民共和国主席习近平提出了"中国梦"的概念——实现伟大复兴就是中华民族近代以来最伟大梦想，而且满怀信心地表示这个梦想"一定能实现"。

这是一个充满机遇的时代，中国在全世界已经担负起越来越多的责任，占据着越来越重要的地位，我们完全可以骄傲地提出"中国梦"的口号。对于青少年来说，未来是美好的，因为你们身处最好的时代。

无论"美国梦"也好，"中国梦"也罢，关键在于一定要有梦想，敢于做梦，这也是实现成功人生的开始。 所以，有梦的孩子们一定要珍惜机会，大胆做梦。毕业于哈佛大学的巴西新首富豪尔赫·保罗·雷曼曾经说过："我常常会说，抱有远大的梦想和抱有小小的梦想所需要付出的气力是相同的，所以何不抱有远大的梦想呢！"

根据彭博咨询2014年12月的最新统计，由于豪尔赫·保罗·雷曼旗下啤酒公司股价上涨，其身家已经达到189亿美元，全球富豪榜排名升至第36位，成为巴西新首富。

每一个渴望改变现状、憧憬成功的年轻人，勇敢一点，大胆梦想，也许下一个亿万富翁就是你！

人生愿景的力量

愿景，希望看到的风景，是人们努力拼搏、奋斗所最终希望达到的图景，它是一种意愿的表达，是一种力量。人生愿景包括未来目标、使命及核心价值，是哲学中最核心的内容，也是促使每个人不断奋斗的强大动力。

那些出自哈佛大学的富豪们对于人生愿景的力量相当清楚，并会利用这种力量实现自己的目标。Salesforce首席执行官马克·贝尼奥夫在谈起老友扎克伯格时就说："最有趣的是，扎克伯格知道如何把自己发展成为一名企业领袖，他对产业不仅有着难以置信的愿景，而且对个人发展也有着惊人的愿景。"

■ 长期愿景的重要性

"没有愿景，人就会毁灭"，出自《圣经·箴言》，以此警示人们，人生愿景的重要性。的确如此，从个人生活目标的角度来看，人生愿景是帮助人们规划未来，树立使命及核心价值的基础，没有人生愿景的人，就如同在夜里失去"灯塔"指引的航船，漫无目的地漂泊，没有终点。在哈佛精英们的眼中，发生这样的事情几乎是不可能的，是难以想象的，因为每个人在进入哈佛大学之初，早已设定好长期的人生愿景：哈佛大学是第一站，毕业后进入一家知名企业工作是第二站，创业是第三站……可见，形成长期愿景非常重要。

豪尔赫·保罗·雷曼，巴西最富有的人，不过很多国人并没有听说过这个名字。然而，提起雷曼及其合伙人经营的那些品牌，一定会有印象：百威啤酒，汉堡王，亨氏番茄酱。

雷曼由于与股神巴菲特合作，成功收购亨氏公司，一举成为巴西首富。据测算，豪尔赫·保罗·雷曼目前的资产净值高达179亿美元。

雷曼是个低调的人，很少在媒体面前曝光，2011年，行踪诡秘的他曾为由自己基金会援助的巴西学子进行了一场讲话，内容涉及他在经济上实现成功的12条行为准则，其中就包括人生愿景的重要性。

雷曼表示，自己曾经的目标就是玩冲浪和打网球，从没想过会离开巴西，离开里约热内卢，更没有想过会去美国。然而，他还是来到了哈佛大学，在这里，他真正地形成了人生愿景，因为这是一个充满各种想法的圣地，这里的每一个人都有自己的想法，自己的目标。正是在这样的环境下，雷曼形成了自己的人生愿景，并开始为梦想而拼搏。

后来，功成名就的雷曼在一次讲话中也说出了长期的人生愿景之重要性，他说："在我们的加伦蒂亚银行，我们（雷曼、斯库彼拉和泰列斯）提出了一系列基本理念，这些理念成为我们参与每一笔交易的基础，比如舍弃金融公司而收购工商业公司，诸如汉堡王和百威啤酒制造商百威英博等收购交易都是基于我们20年前就设定的愿景。"

长期愿景的重要性由此可见一斑，今天的行为将会对未来几年，甚至几十年造成诸多影响。因此，形成个人长期愿景，这是每一位立志成功的年轻人都应该做到的。

■ 目标：不可思议的神奇力量

目标是人生愿景的重要组成部分，且具有不可思议的神奇力量，对于青少年来说，尽早设定目标，并在目标的指引下努力追寻，一定可以获得不可思议的结果。

美国哈佛大学可谓是富豪加工厂，他们打造出众多年轻有为的财富精英。我们不禁会问：为什么这些人年纪轻轻便可以取得如此辉煌的成绩？除了天赋异禀之外，自然离不开他们清晰明确的人生目标。

早在很多年前，哈佛大学就曾做过一个目标跟踪测试，该项调查的对象是一群智力、学历、环境等条件都差不多的年轻人。

下面是25年后研究人员公布的调查结果：

毕业时是否拥有清晰的人生目标	25年后的生活与经济状况
27%的学生没有目标。	处于社会底层，多为打工一族，习惯性抱怨。
60%的学生拥有比较模糊的目标。	处于社会中下层，经济状况一般，没有特别成绩。
10%的学生拥有清晰的短期目标。	大部分人成为专业人士，经济状况不错。
3%的学生拥有十分具体的长期目标。	大部分人成为行业领袖，公司负责人，社会精英，经济收入十分可观。

研究人员得出结论，目标对人生有着巨大的导向性作用。通俗地讲，目标直接决定了人生的成败。

目标对于成功，对于我们的人生来讲，都具有巨大的导向性作用。很多时候，我们并不是因为能力不足而实现不了目标，而是不知道要实现什么样的目标，不知道自己要做什么，结果浪费了宝贵的时间，徒耗生命。

假设你是一个刚刚大学毕业的年轻人，没有明确的奋斗目标，没有职业规划，不知道要做什么，找工作时非常盲目，找到什么工作就做什么，没有考虑到该职业的发展前景，做到什么结果再说下一步，再做打算。如果一直这样下去，那么五年之后，十年之后你的提升空间十分有限，换了很多份工作，依然没有找到自己想要的，薪资待遇也停留在最低水平。相反，如果及早设立目标，并跟随目标的指引一路前进，那么你的未来一定会无比精彩。

为什么说目标具有不可思议的神奇力量？因为你在追逐目标的过程中，会不断学到新的知识、技能、经验并积累人脉，这些都是未来打拼之路上的基础要素，在努力拼搏的过程中，你会发现很神奇的变化，你的提升是迅速的，你已经很大程度上超越了之前的自我。

所以，孩子们，当你设定目标时，不妨大胆一点，看得远一点。当然，我并不是鼓励你们去设定虚无缥缈、不可能实现的目标，而是要根据自身能力，设定一个可奋斗的目标。

在能力范围之内，尽可能将自己的目标设定得远大一些。一个远大的、可奋斗的目标，足以让你们看到未来，看到希望。可奋斗的目标并不仅仅局限于可实现的目标，后者是在自己能力范围之内的目标，而前者则包含了自己的梦想，以及可以想见的一切。

畅销书《富爸爸穷爸爸》的作者罗伯特·清崎说过："小目标没有使人热血沸腾的力量。如果设定一个目标是买一辆脚踏车，会不会很兴奋？不会。没有让人热血沸腾的目标，就没有实现目标的动力与渴望，就没有冲劲，不值得去奋斗，更谈不上达不达成。因此，给自己一个可奋斗的目标，给自己一个不可思议的目标，让梦想再大一点，你会得到不可思议的结果。"

唐纳德·川普1946年6月14日出生于美国纽约皇后区，美国商业大亨、电视名人和作家。他是川普集团董事长及总裁，也是川普娱乐公司的创始人，在全世界经营房地产、赌场和酒店生意。

唐纳·川普以奢华的生活方式和直言不讳的性格而闻名于世，他的父亲是纽约著名房地产开发商弗莱德·川普。

唐纳·川普讲过一句名言："想大一点！"父亲弗莱德·川普也是一位地产商人，不过他的目标客户是那些中低阶层居民，给他们在乡村盖一些小房子。当年，唐纳·川普告诉父亲自己要到纽约发展，父亲则告诉他说："你在纽约没有任何的身份和地位，要成功是难上加难。"但是，唐纳·川普并不认同父亲的理论，因为他总是会"想大一点"。

一年之后，唐纳·川普成为全纽约拥有最多房地产的人，在那里，没有人不知道川普先生!

现实生活中,很多青少年都在抱怨看不到未来,这令我感到费解,你们的人生才刚刚上路,是什么让你们对前途感到迷茫?后来我发现,这些抱怨的孩子往往缺少一个可奋斗的目标,在漫无目的中度日,所以表现得懒散懈怠,没有精气神。

世界畅销书《心灵鸡汤》的作者马克·汉森说过:"唯有不可思议的目标才能产生不可思议的结果。如果你现在暂时没有不可思议的结果,那是因为你还没有设立不可思议的目标。"

这是一个不可思议的世界,很多事情都是无法解释的,你不知道自己可以达到怎样的高度,做出怎样惊人的成就。无论每一个时代,都有无数渴望成功的有志者,如果说以前没有机会,现在时代变了,到处都是机会,只要你想成功,没有人可以阻拦你。

孩子们,给自己一个不可思议的目标,比如考上哈佛大学,为此付出全部的力量,即便最后没能成功,你也会得到锻炼,超越之前的自我。

佛魔法哈课 如何实现人生愿景

(1)不断学习,超越旧我

人生是一个不断学习的过程,当今社会,每天都有大量的信息,我们的大脑必须像计算机一样及时更新信息,才能跟上时代的节奏。随着信息的更新,我们的目标也会发生变化,我们会接收大量的信息,做出甄选,以找出最适合自己的发展方向,从而实现最终的人生愿景。在不断学习进步的过程中,我们会超越旧我,成就新我。

(2)设定时限

虽然说人生愿景是一项长远的庞大项目,但也需要设定时限,否则永远不会看到梦想实现的那天。对于青少年来说,时间管理观念不强,如果不能进行有效的自我监督,很容易半途而废。因此,为你的人生愿景设定时限，可以有助于目标的早日实现。

（3）时间倒推法

设定时限之后，为了能够早日实现目标，可采用时间倒推法。举例来说，你想在一年之内将成绩提高到全年级前20名，则列下下半学年要达到怎样的成绩，最后两个月要实现的分数，最后15天要复习哪些功课以及努力的程度。以此类推，采用时间倒推法，可以给自己一定的压力与紧迫感，有助于目标的实现。

（4）列下实现人生愿景的计划与条件

如果只有人生愿景，没有实现人生愿景的具体计划与条件，那么在进行过程中则会十分模糊，严重影响效率，这也是青少年最容易忽视的一点。因此，列出具体计划与必要条件，有助于更快地实现目标。

（5）列出目前暂无法实现的目标及其原因

人生愿景由不同的目标组成，将那些目前无法实现的目标按照从难到易进行排列，并思考用什么办法来解决这些问题，逐项写下。之后，按照难易程度逐一解决，先从简单的问题着手，逐步提高难度。

────── ❧ **哈佛亿万富豪给青少年的成长箴言** ❧ ──────

人生愿景具有一种潜在的力量，尤其对于青少年来说，尽早形成人生愿景，便能够左右自己的命运。孩子们，也许你多么努力也无法进入哈佛大学，也许你穷尽一生也无法成为亿万富豪，也许你的远见不及那些成功人士，但请不要就此放弃，虽然你不能像他们一样看那么远，但你同样可以拥有远见卓识。你只需超越同你存在竞争关系的那些人，看得比他们远一些，便可以赢得属于自己的成功。

🏆 吸引力的秘密：兴趣→热情→成功

在管理心理学中，吸引力被视为引导人们沿着一定方向前进的力量。当人们对组织目标或可能得到的东西有相当的兴趣和爱好时，这些东西就会形成对人们的吸引力，从而引导人们为得到它而努力，这种力量一旦形成就会吸引人们不断地向目标前进。

青少年时期正是兴趣养成的关键期，在此期间，一旦找到感兴趣的事情，并为此投入热情与精力，就等于为成功埋下了伏笔。

■ 每个人都有一盏阿拉丁神灯

《阿拉丁神灯》是出自阿拉伯民间故事集《一千零一夜》中的故事，讲的是一个名为阿拉丁的少年，无意中得到了一盏神灯，而这盏神灯可以帮助他实现任何愿望。

这只是一个神话故事，然而很多人都幻想着能够拥有一盏可以实现任何愿望的神灯。其实，每个人的身上都有一盏阿拉丁神灯，只要掌握了吸引力的秘密，一切都有可能成为现实。

吸引力拥有让一切梦想成真的力量，假如你的梦想是考入哈佛大学，那么每一天，在你的脑海中都要不断幻想走入哈佛大学的那天，幻想在哈佛大学中生活的场景，幻想从哈佛大学毕业之后进入华尔街，进入世界500强公司的场景……不停地想象，告诉自己已经拥有，那么心中强烈的渴望将转化为巨大的学习动力。在一股神秘力量的驱使下，梦想成真的那天便不再遥远。即使你没有实现梦想，也会超越同龄人；即使你没有进入哈佛大学，也可能考上了清华北大。这就是吸引力的神奇力量。

每个人身上都有巨大的磁场，就像万有引力一样，无时无刻不在影响我们的人生，观念，信仰，一切。你想什么，你相信什么？你就会拥有怎样的磁场，这就是吸引力法则。相信自己已经拥有，你所梦想的一切就会有机会成为现实。

那些毕业于哈佛大学的高材生，很早便懂得吸引力的秘密，他们正是凭借这样的力量一路前行，直至成功。在考入哈佛大学之前，他们便将自己想象为最优秀的学生，所以将那些同样优秀的学生吸引过来，一起探讨，一起成长；在进入哈佛大学之后，他们把自己想象成为天之骄子，于是将志同道合的人吸引过来，一起创业，一起畅想未来；在进入社会之后，他们将各路精英吸引过来，彼此吸收能量，相互扶持，他们将自己想象成为富人，想象为功成名就者，所以他们的思路、行为都会像成功人士一样，渐渐地，其内在的财富磁场发挥功能，将巨额财富吸引过来。

这就是吸引力的神奇力量，每个人都有巨大的磁场，将能量相符的人吸引过来，帮助你实现渴望已久的梦想。

■ 一切成功都始于兴趣

你的兴趣点在哪里？做什么事情让你感到愉悦，并乐此不疲？什么工作即使薪资微薄你也愿意做？

也许有些孩子会觉得，想这些有点太远了，那是未来应该考虑的事情。殊不知，差距从这时已经拉开了。为什么世界上总是20%的人成功，而80%的人一生碌碌无为？原因之一就是前者一直做着感兴趣的工作，并乐此不疲；而后者则不停地抱怨工作，似乎备受折磨。

儿时的梦想往往源于一件感兴趣的小事，少数人随着年龄的增长将其变为一生的兴趣，并选择与此相关的工作。他们在工作中感受到快乐，于是不知疲倦地付出，这样一来，他们就在量变上超越了他人。时间一久，量变产生质变，成功便顺其自然。

马克·扎克伯格认为，如果一个人是在做自己爱做的事，就会有力量去克服困难。他说："当你真正喜欢正在从事的工作时，应对挑战就会容易得多。"之所以很多毕业生在选择工作时感到很迷茫，原因就在于不知道自己的兴趣点。曾经看过一档职场类节目，评委老师向选手们提问说，你们是"爱一行，干一行"还是"干一行，爱一行？"

大部分选手都回答了后者，殊不知，从职业发展的角度出发，前者才是最好的选择，因为只有从兴趣出发，才能做得持久，做得出色，做到极致。

从事自己感兴趣的工作，就不会感到厌烦，即便工资再低，福利再差，也会心甘情愿付出，直到有朝一日做出成绩，同样会得到不错的回报。所以说，一切从兴趣出发，才更有可能成功。

毕业于哈佛大学的美籍华人谢家华，从兴趣开始，渐渐找到了事业的发展方向，最终成为亿万富豪。

学生时代，谢家华对编程很感兴趣，闲得无聊，他和同学便写了一个计算机程序。通过这项程序，注册用户可以在自己的网站上看到一些随机插播的广告，网站浏览量越大，获得的积分越多，当积分达到一定程度时，用户就可以在系统内免费做广告，被更多的人看到。

谢家华和同学设计这个程序只是为了好玩，但接下来却发现这是一个不错的推广平台，同时可以让他们小赚一笔。为此，他们为这个程序取名为"网络链接交换"，即"链接交换"公司雏形。

后来，谢家华和同学给一些小网站发邮件，并提供免费试用。很快，这些网站从中尝到了甜头，谢家华他们的"网络链接交换"传开了。

之后，开始有人想收购他们的"链接交换"公司了，200万美金、2000万美金……直到以2.65亿美金卖给了微软。

这一切并不仅仅是因为钱，而是兴趣。在将公司卖给微软之后，作为附加条件，谢家华必须留任一年，同时将得到4000万美元的收入。然而，接下来的几个月中，谢家华并不快乐，他对所做的事情毫无兴趣，最终他选择逃离微软的束缚，不仅没有拿到4000万美元的收入，还赔给了微软公司800万美元。

他怎么那么傻？我想，这是很多人的疑问，然而对于这些毕业于哈佛大学的天之骄子来说，区区几千万又算得了什么，时间和兴趣才是最重要的，他们还有很多梦想要去实现。

■ 兴趣点燃热情

美国能源部部长朱棣文曾经在哈佛大学演讲时说过："在生活开始一个新篇章的时候，建议你们选择自己热爱的事业和职业。如果你还没有找到自己的热情，不要满足，一定要坚持找到为止。生命本身就短暂，没有自己真正热爱的事业，生命更是转瞬即逝。"

找到自己真正感兴趣的事，并引发出内在的热情，这样的生命才有意义，这样才能更加接近成功。仍然以谢家华为例，从小时候开始，他就对投资感兴趣，也就是说他很小就喜欢赚钱。正是这种想法，成为他日后创业的动力源泉。

9岁时，谢家华希望成为世界上最大的蚯蚓经销商，但第一次创业失败了。后来，他又迷上了旧货生意，不仅卖光了自家的旧货，还说服朋友将家里的旧货拿出来卖。在售卖的过程中，谢家华想出很多促销手段，并为此感到兴奋。初中时，谢家华开始向同学兜售自己的杂志，而且还四处拉广告，但这次创业很快夭折。

谢家华类似的生意还有很多，他总能想出各种各样赚钱的点子，因为他总是乐此不疲，在赚钱这件事上，似乎总有用不完的精力。

对什么事都缺少兴趣的人很难成功，因为少了热情的力量，这样的人在不同时期树立过不同的目标，但是由于缺乏持久的热情，最终没能坚持下来，与成功失之交臂。而那些充满热情的人，更容易获得成功，他们的身上时刻散发出正能量，对工作投入极高的热情，这也是最被老板欣赏的一类人。

有一次，美国某部长参观完微软公司之后，问比尔·盖茨："我在微软参观时，看到每一个员工都非常努力、非常快乐。你们是如何创造这样的企业文化的？"

比尔·盖茨告诉他："我们雇佣员工的前提是，这个员工对软件开发是有热情的。"

如果对本职工作缺少应有的热情，那么很难全身心投入，结果自然做不好工作。所以，很多老板在面试时非常看重员工对于工作的热情与态度。

美国经济学家罗宾斯有一个著名的理论：人的价值=人力资本×工作热情×工作能力。工作热情是人力资本和工作能力的前提和基础，它可以让你的能力和价值成几何倍数的增长和提高。

一个缺少工作热情的员工，无论他的人力资本和工作能力有多强，他的工作价值仍然是零。罗宾斯的定律告诉我们，最佳的工作效率来自于高涨的工作热情，没有热情的工作是不可想象的。

的确如此，热情具有一种神奇的力量，它可以融化一切，创造一切。一个人充满热情，就会全力以赴投入工作，这也是收获成功的前提条件。正如西点军校戴维·格立森将军所言："要想获得这个世界上的最大奖赏，你必须拥有过去最伟大的开拓者所拥有的将梦想转化为全部有价值的献身热情，以此来发展和展示自己的才能。"

满怀热情的工作，才能全身心投入工作，从而做出更出色的成绩，而这一切的前提都建立在对所从事的工作是否感兴趣的基础之上。

综上所述，想要持久地从事一份职业，想要在工作中有所建树，一定要建立在兴趣+热情的基础之上。所以，对于有志做出一番成绩的青少年来说，尽早找到自己感兴趣的事情非常重要，正如同样毕业于哈佛大学的高盛集团CEO劳尔德·贝兰克梵说的那样："找到一个你喜欢的工作，你会做得更好，而且做得更长。虽然是这样说，在一个艰难的经济形势中，需要因为家庭压力做出一些让步，你并不是总能够在职业选择上承担风险。而且，毫无疑问的是，我们将会很多次的妥协。但是，不要让一时的必要选择成为一生惯性的借口，要不断试图让自己走到正确的地方。如果我继续做一名律师，我可能会干得还不错，但是我不会辉煌，因为我并不爱这个工作。"

这世界上有很多幸运的家伙，他们似乎拥有一切，大部分人虽然没那么走运，却也活得充实快乐，原因就在于他们都在做着感兴趣的工作，所以无论报酬丰厚与否，过得都很开心。

佛魔法哈课 如何保持长久的热情

（1）找到让你感兴趣的事

保持长久热情的方法，最重要的一点就是与兴趣相结合，这一点对于青少年至关重要，由于不够成熟，很难对于某件事投入长久的热情，因此更容易半途而废。然而，如果青少年能够发现感兴趣的事情，就会主动投入更多的精力，也更容易保持长久的热情。

（2）为你目前正在做的事情感到骄傲

如果说学习是你目前最感兴趣的事，那么你应该对你的学习成绩感到骄傲，对于每一次进步感到骄傲。每当你在考试中取得不错的成绩之后，你都会为此欣喜，从而更长久地保持热情。

（3）用一个个全新的目标点燃激情

当一个目标实现之后，立即设定一个新的目标，这也是保持热情的绝佳方法。众所周知，没有目标的人生就是在混日子，长此以往，再感兴趣的事也会没了热情。所以，不断地给自己设定目标，用一个个全新的目标点燃激情，有助于保持长久的热情。

（4）定期重燃热情

热情不会一直维持在高峰状态，就像充电电池一样，使用一段时间后需要重新充电。对于青少年来说，心智、情绪、状态等不够成熟与稳定，经常会陷入低潮期，热情自然会消退，这时就要求重新点燃热情。可以采用积极的自我对话方式，告诉自己"我能行"；也可以适当调整低落的情绪，通过参加社会实践、外出旅行等方式重新激发热情；当然，更新目标，也是重燃热情的好方法。

（5）经常与积极热情的人在一起

与什么样的人接触，对于人生的影响是非常重大的，与消极的人在一起，你的情绪也会不由自主地陷入消沉；与积极的人在一起，你的情绪则会处于乐观开朗的状态。所以，经常与一群充满热情的人在一起，他们所表现出来的朝气与活力，将会给你带来正能量，在这种状态之中，你将能够长久地保持热情。

（6）坚持体育锻炼

生命在于运动，充沛的体能是保持长久热情的基础，尤其对于现在的青少年，过分注重学习成绩，忽视了体育锻炼，可能在年轻的时候不会显现出来，然而随着年龄的增长，身体状态随之下降，那时候即便你有热情，也很可能感到力不从心。所以，平时多注意锻炼身体，不仅有利于健康，还可以维持长久的热情。

———— 哈佛亿万富豪给青少年的成长箴言 ————

由兴趣激发热情，在热情的指引下不断付出，从而取得成功，这就是吸引力的秘密。作为青少年，除了学习之外，还应该有更多的兴趣，比如说电脑，比如说体育运动，比如说音乐……从中发现你所感兴趣的事，并愿意为之奋斗终生。你会发现，在这些事情上，无论付出多少艰辛都不会感到疲惫，反而越干越来劲。

你所感兴趣的事情像个小宇宙般吸引着你，而你也不知疲倦地付出，越来越兴奋，渐渐地，你会发现自己所做的事情已经达到了某种程度，实现了某种成就。这就是吸引力的秘密，你所做的事情吸引着你不断付出，而在此过程中你不断学习、积累经验，完善技能，已经成为这方面的专家，接着成功便顺其自然地发生了。

思考力：他们脑中的世界跟你不一样

思考力是指在思维过程中产生的一种作用力，包括三个最基本的要素：大小、方向、作用点。大小是指思考者掌握的关于思考对象相关信息量的多少（大小），如果没有相关的知识和信息量，就无法进行相关的思考活动；方向是指围绕思考目标所形成的思路，思考的具体目的；作用点是指特定的思考对象。

"为什么他们能考入哈佛大学？"、"为什么他们能成为亿万富豪？"、"为什么他们总能获得成功？"……答案其实很简单，他们脑子里想的跟普通人不一样。

■ 从苏格拉底与柏拉图的故事开始

苏格拉底和柏拉图都是古希腊伟大的哲学家，柏拉图师从苏格拉底多年，但传说最早的时候他对自己的老师并不信服，总想借机比试一番。

一天，苏格拉底带着柏拉图去探访老友，来到一条乡间小路时，柏拉图见有不少马车载着货物朝前走，便想要跟苏格拉底比赛，看看谁先到目的地。苏格拉底早就看出了柏拉图的心思，于是爽快地答应了。

柏拉图身体健壮，走路很快，自认为一定可以在老师之前到达目的地。的确，没过多久，柏拉图就将老师落下了，他很快超越了刚才看到的马车，正当他暗自得意的时候，眼前却出现了一个集市。

集市两旁摆满了货物，中间是拥挤的车辆和人流，柏拉图只能跟在人群中慢慢行进，任凭他有再强的脚力，此刻也无能为力。当柏拉图终于穿越集市，来到汇合点之后，却发现苏格拉底已经气定神闲地站在那里了。

柏拉图大惊，气喘吁吁地问："你怎么可能比我先到呢！？"苏格拉底笑着指了指另外一条路，又指了指自己的脑袋。

柏拉图一脸茫然无措的样子，没有明白老师的意思。见状，苏格拉底笑着说："当我看到路上有很多载着货物的马车时，我就开始思考，我猜他们一定是去集市的，所以我并没有像你一样急于赶路，而是选择从岔路绕了过来。事实的确如我所料，你被堵在了集市，而我则顺利抵达终点。"

柏拉图听后彻底拜服，恭恭敬敬地喊了声"老师"。

思考，是决定胜败的关键，也是拉开与众人差距的重要能力。智者与凡人，富人与穷人的最大的不同，就在于思考力的不同。

■ 创新是改变世界的力量

当一部名为"iPhone"的手机问世以来，仿佛整个世界都被其改变了，而乔布斯也当之无愧地成为了苹果公司的教父。虽然乔布斯并非毕业于哈佛大学，但是其创新意识很好地说明了思考力的重要性，并且成功地颠覆了人们之前的观念，并改变了整个世界。

像乔布斯一样的人才大有人在，他们不断思考全新的模式，力图改变世界。Facebook创始人马克·艾略特·扎克伯格，1984年5月14日出生，在美国纽约州白原市长大。扎克伯格的家庭环境优越，从小就受到了良好的教育，他也被视为电脑神童。

扎克伯格长大之后，很多科技公司都向他抛来了橄榄枝，其中就包括鼎鼎大名的微软公司。然而，扎克伯格却拒绝了年薪95万美元的工作机会，选择去哈佛大学念书。在哈佛的读书的过程中，扎克伯格将想象力发挥到了极致，著名的Facebook网站的雏形就是这时建立起来的。

在哈佛大学读书的第二年，扎克伯格成功侵入了学校的一个数据库，他为什么要这么做？因为他准备建立一个社交网站，需要全校师生的资料。入侵成功后，扎克伯格将学生们的照片放到了自己的网站上，供同班同学评估彼此的吸引力。

最初，这只是一个调皮孩子的鬼点子，为的就是好玩，没想到他的网站颇受欢迎，于是就和两位室友一起，共同建立了校园交友网站，命名为The Facebook。该网站一经推出，立即在哈佛校园内引起轰动，2004年2月正式上线，到了年底，Facebook的注册人数已突破一百万，扎克伯格看到了商机，果断从哈佛退学，全职营运网站。

创新是改变世界的力量，是思考力的重要组成部分，创新也是全世界精英最为看重的能力之一。那些哈佛大学的高材生们对此更是有着清楚的认识，比尔·盖茨就曾说过："微软离破产永远只有28个月，不创新就灭亡。"创新——创新——再创新是微软致富的全部奥秘。

在微软公司，为了激发员工的创新能力，特别制定了一套"试错法"，目的是激励新员工不断学习与创新。在刚刚进入公司的时候，新员工会被安排与经理及各个专业部门的高管见面，听取简单的汇报，之后新员工会被分派一个单独的任务，在完成任务的过程中，专家们会纠正新员工所犯的错误，这就是微软公司的"试错法"，目的就是培养员工的创新意识和提高实际工作能力。

可见，那些全世界顶级公司与超级富豪们多么看重创新能力的培养，因为那些领导人深知创新的重要性，它拥有改变整个世界的力量。

哈佛魔法课 思考力与创新力的培养

（1）思考能力的培养

拓展思维深度。思考的深度决定一个人是否能够透过事物的表面看到事情的本质，思考的深度需要大量的知识与经验作为积淀，同时需要很强的逻辑思考能力。一旦思维深度得以有效地拓展，也就拥有了预测未来的能力，在工作中将会起到很大作用。

提升思维高度。在多元化发展的今天，唯有提升思维高度，才能超越之前狭隘的观念与思想，增强各种文化、生活方式的包容度，懂得欣赏与理解，避免陷入观念的死角，走入死胡同。当一个人思维达到某种高度后，便能够从更加长远的利益出发，从而做出最有利的选择。想要提升思维的高度，就需要积累足够的社会经验，从一次次成功与失败的经历中积累经验，从而能够宏观地看待问题，掌控全局。

提高思维广度。提高思维广度，才能形成对知识的有机整合与开发利用，同样需要丰富的知识积淀与大量的信息，社会经验也是非常重要的。对于这个世界你了解得越多，思维也就越宽广，从而更准确地做出选择与判断。

（2）创新力的培养

激发好奇心。好奇是人类的天性，也是激发创新思维的最原始动力，尤其对于青少年来说，对这个未知的世界充满好奇，凡事喜欢刨根问底，这是激发创造力的绝佳时期，很多超级富豪的成功都源于年轻时的奇思妙想。

无与伦比的想象力。心理学家认为，人脑分为4个功能部位：感受区、贮存区、判断区、想象区。只善于运用贮存区和判断区的功能，而不善于运用想象区功能的人就不善于创新。心理学研究证明，普通人只发挥出想象力的15%，其余的部分尚未发掘。可见，想象力跟大脑潜能一样，大部分都尚待发掘。爱因斯坦说过："想象力比知识更重要，因为知识是有限的，而想象力概括着世界的一切，推动着进步，并且是知识进化的源泉。"孩子们，青少年时期的想象力具有无与伦比的力量，充分发掘自身潜在的想象力吧，也许你就是下一个爱因斯坦。

发散思维。发散思维（Divergent Thinking），又称辐射思维、放射思维、扩散思维或求异思维，是指大脑在思维时呈现的一种扩散状态的思维模式，它表现为思维视野广阔，思维呈现出多维发散状。很多心理学家认为，发散思维是创造性思维的最主要的特点，是测定创造力的主要标志之一。所以，青少年在看待问题时要尽可能开阔思路，不要只看到事物的表象，看到铅笔，就认定它只能用来写字，还可以当做尺子，作为礼物，用来化妆……捷克籍法学博士普热罗夫就证明了一支铅笔至少有20种用途。

逆向思考。大部分人遇事习惯于正向思维，然而一旦正向思考行不通，他们就会陷入思维定势，不知道如何是好。这时，不妨反过来想问题，发挥逆向思维能力，能够有效激发想象力，从而解决问题。

培养审美能力。对于美的欣赏也能够激发创造力，所以青少年不仅要注重逻辑思考能力，更要增强感性思维，在寻找美的过程中迸发无限的创造力。

积极参加讨论。一个人闷头琢磨，思路永远处于闭塞状态，不妨多与人交流、讨论，也许其他人的一句话，一个点子就能给你灵感。况且，这样的讨论还能够丰富你的知识经验，可谓一举多得。

持续学习。想要创新，必须有丰富的知识积淀，世界正在以飞快的速度向前发展，我们必须紧跟外部环境的发展变化，在不断学习中获取灵感，求得创新。

创新源于生活。一切创造力都来源于生活，所以青少年在平时应该多注意观察生活，感受生活。生活中的点点滴滴都有可能成为创造力的源泉，而这也正是当下年轻人所忽视的。更多孩子将业余时间用在打游戏、上网，他们更关注虚拟世界而非真实的生活，也许这正是他们想象力缺乏的原因吧。

哈佛亿万富豪给青少年的成长箴言

思考力是决定一个人竞争力的关键，你是否能够于万千人群中脱颖而出就在于此。你以为那些哈佛大学的天才们凭什么成为天之骄子？凭什么还没毕业时就得到无数大公司的橄榄枝？凭什么在很短的时间内就能改变世界？

难道仅仅是刻苦用功吗？不是！他们成功的很重要一点原因就是思考力，因为他们想的跟普通人不一样！

这些顶级天才们脑子中想的事情跟普通人是不一样的，在他们脑海中的那些看似怪异的想法很可能是未来改变世界的力量。所以，作为青少年，一定要尽早培养自己的思考力，也许下一个改变世界的人就是你！

偏执or执着：从一而终的坚持

英特尔前总裁安迪·格鲁夫曾出版过一本书——《只有偏执狂才能生存》，被不少商界精英视为传世名言。我接触过很多成功人士，他们同样坚信这一理念，一旦认准了某件事便不顾一切坚持下去，无论身边的人如何阻拦，他们都不肯停手。当然，在这个过程中，很多人撞得头破血流，然而也有少数人获得了成功。

你说，这些人到底是偏执还是执着呢？难道失败者就是偏执，成功者就是执着吗？

而那些聪明人呢？在事情没开始之前就看到了结果，认为某件事一定会失败，这样的人什么时候才能真正地开始呢？也许他们永远不会开始了，成功对他们来说，就像是遥不可及的梦。

■ 最完美的计划书也不能让你成功

美国某网站曾经对1000位成功人士做了一项关于人生计划的调查，调查对象包括做出突出贡献的科学家、著名作家、成功的企业家和商人、家喻户晓的超级体育明星、好莱坞著名影星等等。结果令人大跌眼镜，并非如人们想象的那样，成功人士都有一份详细周密的成功计划，在这些被试者中，绝大多数人说不清楚自己为什么能成功，更不要说具体计划了。他们当中的大部分人，在成功之前根本没有完整的计划，只是凭着感觉、勤奋、才智、兴趣等因素，一直没有放弃对成功的追求，最终成就了人生的伟业。

之后，网站又向社会征集了1000份最完美的成功计划书，这些计划书包括如何成为伟大的科学家、知名作者、超级运动员、成功的商人等等。在成千上万封计划书中，专家们通过反复讨论筛选出了最完美的1000份。

在最终被筛选出来的1000份计划书中，专家们看到了非常实用的操作性，详细的步骤，精细到每小时应该做的事情。在创业计划中，甚至列出了启动资金以及实现目标总共需要的费用。这简直就是一份成功宝典，拥有了它，就好像梦想触手可及。

随后，网站采访了这1000份完美计划书的拟定者，结果再一次让人们惊愕，几乎所有人都是尚未成功者。

很多人对此感到疑惑，尤其是尚未步入社会的年轻人，不可否认，完美的计划是成功的基础，然而相比于完美计划之外，更重要的是执着精神，凡事都要坚持到底。在该网站的这次调查中，那1000位成功人士唯一的相同点，就是他们都没有放弃对成功的追求，虽然没有具体计划，但他们的执着成就了其辉煌的人生。

最后，该网站得出结论：人生伟业的建立，不在能知，乃在能行。再完美的计划，如果没有行动，没有坚持到底的执着精神，也是空谈。

■ 一生的执着

无论多么完美的计划书也不能保证我们成功，那么什么样的力量可以让梦想成为现实呢？不是智商的高低，不是能力的大小，也不是经验的多少，而是一生的执着。那些毕业于哈佛大学的高材生们，之所以能够做出伟大的成就，很重要的原因就是执着的坚持，尽管有些人会显得偏执，但这正是一种执着精神的体现，也是他们超越凡夫俗子的品质。

马文·鲍尔（Marvin Bower，1903—2003），现代管理咨询之父，麦肯锡咨询公司的创始人，现代欧美企业经营哲学的领导者，CEO的精神导师。马文·鲍尔是布朗大学学士，哈佛法学法学学士，哈佛商学院，工商管理硕士，拥有杰出的教育履历。

这位在哈佛法学院和商学院都获得了成功的高材生马文·鲍尔，一生创建了伟大的麦肯锡公司，同时也开创了现代管理咨询的新纪元。马文·鲍尔成功的因素有很多，但对于理想的执着追求是最重要的原因。

马文·鲍尔说过："我们没有顾客，我们只有客户；我们不属于哪个行业，我们是一个专业；我们不是一家公司，我们不是在做生意，我们是一个专业机构；我们没有员工，我们只有一起共事的同仁；我们没有业务计划，我们只有远大志向；我们没有规则，我们只有共同的价值观；我们只是管理顾问，我们不是企业家，管理者，内部人，也不是猎头。"

这就是马文·鲍尔的终极理想，为此，他执着追求了一生。曾经担任麦肯锡公司总裁的戴颐安说过："马文的一生展示了执着可以产生的巨大能量。"

马文·鲍尔树立起麦肯锡公司的理想与信念，并用一生的时间去践行，所有认识马文的人，都知道他是一个执着的家伙，对于笃信的理念从不妥协，甚至有些偏执。

马文·鲍尔的执着表现在很多方面，例如他不顾高层反对，坚持任用哈佛大学等商学院毕业的年轻人而非那些有经验的管理人员，他相信这些年轻才俊对于高层顾问的价值，他们的智商、创造力与系统训练等远比经验更重要。马文·鲍尔的坚持，甚至是偏执最终被证明是成功的，他的做法被行业普遍接受，并一直延续至今。此外，马文·鲍尔的执着让麦肯锡公司以一家家分支机构的自我复制而实现拓展，而非大部分公司那样以兼并、收购的方式扩展；马文·鲍尔的执着还体现在麦肯锡公司遍布于全球的分支机构仍是一家机构的多个分支，而不是常见的多家公司。

以上种种都是马文·鲍尔执着精神的体现，当然也有不少人说他偏执，但马文所显示出的智慧与勇气，个人信念，对于理想的执着追求都是他成功的基础。

马文·鲍尔一生执着，也因此无数次地改变了麦肯锡的命运，很多人认为他是一个偏执的家伙，其实不然，马文·鲍尔甚至被誉为倾听大师，他的思想开放，非常善于学习，善于变革，绝不是抱残守缺。

■ 只有偏执狂才能成功

根据我对成功人士的了解，在他们的圈子里流行着一种说法，那就是"只有偏执狂才能成功"，几乎所有人对此深信不疑，尽管有些人嘴上不说，但他们却是这样做的。当年我在公司上班的时候，遇到过很多这样的老板，尽管所有下属都反对他的意见，但是如果他认为是对的，那么依然会偏执地实行他的计划。尤其是一些小公司的老板，他们表现得更为偏执，相信自己的判断，因为他们曾经成功过。

我没有做过统计，不清楚偏执狂与按部就班做事者成功的比例，但是纵观那些凭借一己之力改变了世界的人，又有多少人是按照常理出牌呢？

还是以哈佛大学的学生举例，比尔·盖茨与扎克伯格，两个全世界最知名的哈佛辍学生，在他们身上，可以看见偏执狂的影子。

哈佛大学是全世界学子心中的圣地，无数人拼了命地想考入这里，而这两个人却想着提前离开，难道他们疯了吗？显然不是，这只是他们身上偏执的一面，因为他们看到了机会，离开哈佛大学虽然有些可惜，但与千载难逢的时机比起来，显然后者更加重要。

比尔·盖茨与扎克伯格都是因为看到了难得的创业机会，所以毫不犹豫地选择退学，如果没有一点偏执精神的人，我相信很难做出这样的抉择。

这两个偏执狂的结果如何？我想在此不必赘述，一个建造了微软帝国，成为全世界最富有的人；一个创建了Facebook，成为全世界最年轻的亿万富翁。

比尔·盖茨20岁时和好友保罗·艾伦一起创办了微软公司，而扎克伯格成功时只有25岁，成为全世界最年轻的亿万富豪。要知道，在这个年龄多少人还在念大学，还在公司里打杂跑腿，而他们却早已成为全世界家喻户晓的人物。如果没有一点执着或者偏执，想必很难成就如此伟大的事业。

每一个出自哈佛大学的学生，对于成功都有一种非同常人的渴望，他们执着于梦想，孤注一掷的态度令人惊叹。的确，有些时候他们的做法让人无法接受，认为他们是偏执狂，然而他们一次次用成功化解了人们的怀疑。

　　为什么他们的执着会被认为是偏执呢？我想，也许因为他们是天才吧，他们在某一领域的见解远远超越常人，所以一旦他们所认定的事情，就会坚持到底。

　　当然，这些疯狂的天才的确有偏执的一面，毕竟，人无完人，但正是这种精神才让他们获得了如此伟大的成功。英国资深专栏作家露西·凯拉韦就曾披露过，Facebook会议室里的温度过低，这也是让她感到愤怒的事情，因为办公室中的温度似乎永远保持在15度。

　　为什么Facebook办公室要设置这么低的温度？很简单，因为低温更容易让员工集中精力，而扎克伯格很清楚地认识到了这点。

　　扎克伯格偏执的一面由此可见一斑，尽管遭到无数人的反对，但他依然我行我素。

哈佛魔法课　如何培养执着的精神

（1）培养不服输的性格

　　性格决定命运，此话不假，很多成功者都有一种不服输的性格。无论执着还是偏执，成功了就是对的，能够成大事者往往从小就有一种不服输的性格，这一点也为他们日后的成功奠定了基础。

（2）知道自己想要什么

　　知道自己想要什么，就会全力以赴去实现这个目标，在此过程中也培养了执着的精神。人一旦拥有了明确的目标，就会在目标的指引下克服各种困难，坚持到底直至目标的实现。所以，青少年要明确自己最渴望实现的目标，也就是最想要的是什么。比如，你想要考上哈佛大学，那么你会为此做出努力，在这个过程中，你的坚韧与执着便会体现出来，久而久之便会养成习惯。

（3）专注于一个目标

每次专注于一个目标更容易养成执着的精神，做好一件事不容易，需要将全部精力集中在这件事上面，在这个过程中更容易培养坚持不懈与执着的精神。

（4）精神训练法

在大脑中不断想象自己坚持到最后，并获得成功时的景象，每一天在脑海中反复上演这样的剧情，你会相信自己真的可以坚持到最后。通过这样的精神训练，会在不经意间养成持之以恒的习惯，执着精神也会因此得到提升。

～哈佛亿万富豪给青少年的成长箴言 ～

对于青少年来说，没必要去争论"只有偏执狂才能成功"的理论到底正确与否，而且这里所讲的偏执是对事业、对梦想的追求，而不是情绪的偏执。作为青少年，应该培养的是执着的精神，避免走向偏执的极端。将执着的精神用到学习中，用到今后的事业上，那么一定可以取得不俗的成绩。所以，当你认定了一个目标后，不要轻易放弃，坚持到最后，我想结果一定不会太差。

🏆 选择正确的合作者

摩根大通CEO杰米·戴蒙说："生活中最重要的一件事是选择正确的合作者，不管是婚姻、友谊还是商业活动。工作的部分内容是为你尊重的人，我记得有一个辩论是关于工作和几千美元工资差距的话题。几千美元真的是差距吗？能和诚心帮你成就的人共事才是最重要的。"

对于青少年来说，选择正确的合作者可以在多方面得到提高；对于创业者来说，选择正确的合作者等于成功了一半；对于超级富豪来说，选择正确的合作者有助于稳固自己的财富帝国。

总之，无论是谁，选对了合作伙伴，一定会在各个方面得到提升。

■ 比尔·盖茨与史蒂夫·鲍尔默

亲爱的约翰：

你与摩根先生的手终于握到了一起，这是美国经济史上最伟大的一次握手，我相信后人一定会慷慨记住这一伟大时刻，因为正如《华尔街日报》所说，它标志着"一艘由华尔街大亨和石油大亨共同打造的超级战舰已经出航，它将势不可挡，永不沉没"。

约翰，你知道这叫什么吗？这就是合作的力量。

以上节选自约翰·D·洛克菲勒写给儿子的信，可以看出合作的重要性，与谁同行很重要，这也是很多超级富豪告诉孩子的第一件事。

下面，让我们一起看看开创了一个时代的黄金搭档比尔·盖茨与史蒂夫·鲍尔默的故事：

在微软公司，比尔·盖茨更像是一位精神领袖，引领着大家向着正确的方向发展，而他的搭档史蒂夫·鲍尔默则象征着实干家，负责公司的大小事务，让盖茨定下的各种目标一步步变成现实。

说起这两位黄金搭档，还要从哈佛大学开始。在哈佛念书的时候，两个人住在同一栋宿舍楼，但最初并无交集，直到1974年的某个晚上，他们同去看了一场名叫"雨中情"的电影。散场后，两人竟然不约而同地唱起了电影中的主题曲，从这一刻起，他们彼此相识了。

这更像是谈恋爱的剧情，没想到却最终成就了一对划时代的伟大组合。当年，盖茨性格腼腆，不喜欢社交活动，一心扎在电脑编程的世界；而鲍尔默性格开朗，喜欢参加各种社交活动，性格迥异的两个人看似毫无交集，然而他们却有着很多共同语言，很快成为无话不说的好朋友。

当比尔·盖茨决定辍学创业时，第一个把鲍尔默"拉下了水"，他曾在哈佛大学的毕业典礼上风趣地说："但是，我还要提醒大家，我使得史蒂夫·鲍尔默也从哈佛商学院退学了。因此，我是个有着恶劣影响力的人。这就是为什么我被邀请来在你们的毕业典礼上演讲。如果我在你们入学欢迎仪式上演讲，那么能够坚持到今天在这里毕业的人也许会少得多吧。"

比尔·盖茨正是看中了鲍尔默的管理能力，在1980年正式将他拉入了微软公司，出任微软第一任总裁特别助理，成为微软16人之一（最早的16位员工）。

盖茨与鲍尔默的组合，可谓天作之合，一个善于钻研，一个善于管理，两人相辅相成，相得益彰，在他们的共同努力下，微软公司逐渐走上正途，最终成为微软帝国。1998年7月，鲍尔默荣升微软总裁，负责公司的日常管理与运营；2000年1月，鲍尔默被任命为首席执行官，全面负责微软的管理工作；2008年，盖茨退休，鲍尔默正式成为微软的领航人。

■ 马克·扎克伯格与雪莉·桑德伯格

所有人都很清楚，年少轻狂、傲慢不羁的扎克伯格无法管理好庞大的Facebook，他需要有人来辅佐他，帮助他完成管理的工作，就连扎克伯格自己也很清楚地意识到这一点，这也是为什么他会力邀桑德伯格加盟的原因。

2007年底，Facebook已经成为硅谷最为强势的创业公司，而它的掌舵人是只有23岁的扎克伯格。随着公司的不断壮大，扎克伯格也意识到自己在管理方面的力不从心。毫无疑问，他是个电脑天才，但在经商与管理方面则逊色很多，他意识到Facebook巨大的潜力无法得到充分释放，公司急需一名职业管理人。这时，桑德伯格的名字进入了他的视线。由于桑德伯格在谷歌拥有良好的口碑与极高的声望，扎克伯格认为她就是不二人选，甚至亲自跑到她的家里游说。

功夫不负苦心人，桑德伯格也意识到Facebook巨大的发展潜力，以及扎克伯格急需一个人帮他管理公司，所以放弃了如日中天的谷歌，加入Facebook。

在美国初创企业中，流行一种"家长督导"模式，就是说由一位经验丰富的管理者协助涉世未深的企业创始人管理企业，帮助企业抵御快速增长所面临的各种风险。这种模式之所以流行，是因为多数年轻的创业者，如同当年的盖茨，今天的扎克伯格等人，他们在IT方面具有极高的天赋，但是却不擅长管理与营销领域，需要找一位自身管理者为公司保驾护航，正是这样的模式促成了很多黄金搭档。

扎克伯格无疑是一位电脑天才，但是其桀骜不驯的性格显然不适合管理，同时他在营销方面的经验也不足以支撑Facebook的发展速度，而桑德伯格正是这样一位出色的合作伙伴。在管理方面，桑德伯格很有一套，她经常会当众赞美员工，给足员工的面子，但私下里却毫不客气，直截了当地指出员工的问题。

不仅如此，在引进人才方面，桑德伯格也发挥了其善于交际的本性，为Facebook挖来了很多得力干将。桑德伯格曾多次致电微软全球广告业务主管卡洛琳·艾弗森，为了挖到卡洛琳，桑德伯格在车上、家里，甚至是在墨西哥度假的途中都会给她打电话，劝说其跳槽至Facebook。卡洛琳自己回忆说："有一天夜里，桑德伯格给我发短信称，她由于疲惫准备在9点到9点半之间上床睡觉。你看，她连在睡觉前都还在想着我。"故事的结局是，桑德伯格挖角成功，卡洛琳成为了Facebook全球营销解决方案副总裁。

有了桑德伯格的鼎力相助，扎克伯格如虎添翼，一位是技术天才，一位是商界女王，可谓天作之合。桑德伯格让Facebook在盈利增长和用户体验之间实现了完美平衡，她将公司的盈利模式定位于社交广告。假设没有桑德伯格的辅佐，天才扎克伯格同样可以让Facebook成为全球最大的社交网站，但或许现在还在靠融资度日，而桑德伯格的到来，充分挖掘了Facebook的巨大商机，打造了全球最为精准的定位广告网络，才让公司股票估值达到了天文数字。

扎克伯格曾说，桑德伯格就是他寻找的未来二十年Facebook的领导者，对于两人的组合，甚至有人戏称桑德伯格是"脸谱网的幕后女王"。有了桑德伯格的辅佐，扎克伯格将更多的精力放在创新与研发上，而不必操心其他事务，这对黄金搭档的未来值得期待。

■ 史蒂夫·施瓦茨曼与皮特·彼得森

当年，施瓦茨曼刚出道时，彼得森的大名早已名贯华尔街，他是雷曼兄弟公司的董事长，在施瓦茨曼的成长之路上，彼得森帮了大忙，可以说施瓦茨曼每前进一步都离不开彼得森的鼎力相助。

施瓦茨曼成立了黑石集团后，彼得森担任了首席执行官，为这位初出茅庐的年轻人保驾护航，并伴随着黑石集团走过了22年，在这个过程中，施瓦茨曼始终与彼得森保持着非常紧密的合作关系。

施瓦茨曼与彼得森被华尔街的金融家们公认为互补型搭档，《财富》

杂志曾经这样写道："从一开始，'黑石'成就的每一项辉煌都是两者并肩战斗的成果。两个人相差20岁，原来是上下级，如今是合伙人。一人'主内'，一人'主外'，配合得几乎天衣无缝：老谋深算的彼得森在金融界及政界浓厚的人脉资源和游刃有余的外交手腕则是'黑石'的'润滑剂'，年富力强的施瓦茨曼坚韧不拔的毅力和充沛精力是'黑石'这部庞大'生财'机器得以顺利运转的'发动机'。"

施瓦茨曼是黑石公司的创始人，拥有超凡的投资眼光与决胜胆略，但是黑石公司能够走到今天，离不开彼得森的人脉与外交能力。彼得森曾担任美国商务部长，与美国大富豪约翰·洛克菲勒、美国前国务卿基辛格、美国国际集团前总裁莫里斯·格林伯格等许多政界和商界人士保持着良好的关系，他的人脉为黑石公司提供了很重要的帮助。

佛魔法哈课 如何选择合作伙伴

（1）选择志同道合者

志同道合的人更容易成为朋友，合作起来也能走得更久，所以青少年在选择合作伙伴或者朋友时，多与兴趣相投者交往，这样往往更容易产生长久的友谊，在合作某件事时，也会减少分歧。

（2）与优秀者同行

经常与比自己优秀的人交往，可以在各个方面得到提升，你会从他们身上学到很多东西，有助于个人的成长。

（3）与积极开朗的人交往

与性格开朗乐观的人在一起，青少年会感受到青春活力，感受到激情，会有一种不断进取的动力；反之，如果跟消极的人在一起，那么整天都会无精打采，久而久之丧失进取心。

（4）选择互补型的搭档

互补型的搭档更容易维持长久的合作，双方有各自擅长的领域，各司其职，同时在这个过程中取长补短，共同进步。

⟡ 哈佛亿万富豪给青少年的成长箴言 ⟡

　　能走多远，要看与谁同行。看人是需要眼光的，这也是青少年从学生时代就该培养的能力，选择对了合作伙伴，可以让人生、事业更上一个台阶；选择错了合作伙伴，则会多走很多弯路。所以，青少年一定要练就好眼力，选择正确的合作伙伴。

第三章

哈佛富豪身上显现的成功特质（二）

🏆 野心的潜能

知名地产商王石曾经说过："创业者要有野心。"在我看来，不仅是创业者，任何一个立志在未来做出成绩的人都应该有强烈的野心，这也是成功的基石。那些哈佛大学的天之骄子，个个都是心怀野心之人，他们的目标是要像比尔·盖茨、乔布斯、扎克伯格一样，改变整个世界。

对于"野心"一词，人们的褒贬不一，有些人将其视作贬义词，也有些人将其看做褒义词。的确如此，有时候过分表露自己的野心可能会令你惨败，但是要想取得成功，野心必不可少。聪明人懂得如何掩藏自己的野心，以及围绕野心控制自己的情绪。当年，文克莱沃斯兄弟聘请扎克伯格为他们开发社交网站时，绝对没有看出这位哈佛学子想要构建自己网站的野心，等到兄弟俩发现时，为时已晚。野心切忌外露，否则会遇到很多不必要的阻碍，聪明人懂得深藏不露的道理，懂得如何利用野心，将自身的潜能发挥到极致。

■ 哈佛人最不缺的是野心

如果说哈佛大学的学生们最不缺少什么，那一定是非同常人的野心。他们可能缺钱、缺经验、缺人脉，唯独不缺野心。自从哈佛大学建校以来，走出过无数位改变世界的重量级人物，各行各业的精英更是不胜枚举，他们带着同样的梦想与野心进入哈佛大学，希望在未来做出惊人的成就，而他们中的某些人的确做到了。

当今美国总统奥巴马，毕业于哈佛大学法学院，他的野心之强全世界都看在眼里，历史上第一位非裔总统，首位拥有黑白混血的总统，究竟是什么力量支撑着他去竞选美国总统，并创造了历史？

野心！

历史的书页往前翻动，同样毕业于哈佛大学的美国第32任总统富兰克林·德拉诺·罗斯福，凭借其强大的野心成为美国历史上唯一一位连任四任的总统，据说他的野心始于孩童时代。

野心似乎早已成为哈佛大学毕业生的标签，每一个从这里走出来的人都想要做出一番大事，他们有信心改变这个世界，至少让它变得更好。

"我们是全世界最优秀的人才！"、"这个星球上最杰出的人很多来自哈佛大学，而我正是其中一员"、"我也能像比尔·盖茨、扎克伯格一样成功！"……这群天之骄子充满了自信，仿佛整个世界都是他们的。在他们看来，梦想成功的野心不是狂妄，而是动力，能够激发出身体里潜在的能量。

正是这种野心，成为哈佛人宝贵的精神财富，造就了一批又一批政治家、科学家、文学家、工商管理精英、超级富豪……ABC著名电视评论员乔·莫里斯在哈佛350周年校庆时曾这样说道："一个培养了6位美国总统、33位诺贝尔奖金获得者、32位普利策奖获得者，数十家跨国公司总裁的大学，她的影响足以支配这个国家……"他们的野心改变的不仅仅是美国，还有全世界。

孩子们，你的潜能到底有多大？让野心告诉你，梦想再大一点，前人用一生没能实现的目标，也许你们只用几年就可以实现。

野心是一个人走向成功的动力，能够彻底激发出内在潜能，不要以为只有那些毕业于类似哈佛大学的名校生才可以拥有野心，每个人都值得拥有。不管你的年龄多大，学历多高，从事什么职业，处于什么位置，只要你拥有野心并为此不断努力，一定会取得长足的进步。

■ 野心决定贫富差距

在某种程度上来说，野心决定了贫富差距，因为所有成功者都对于成就充满了渴望，他们会为此不断努力、付出，直至成功；而反观那些缺少野心的人，往往是社会上的平庸者，他们没有强烈的成功渴望，因此碌碌无为，这样的结果直接导致了贫穷的命运。

外国媒体在评论Facebook创始人马克·扎克伯格的成功要素时，将野心放在了第一位，其次分别是远见、决心、执行力、运气和时机。正是在野心的不断鞭策与驱使下，扎克伯格在年仅25岁时便成为了全世界最年轻的亿万富豪，这位来自于哈佛大学的大男孩真正感受到了野心的力量。

野心是什么？成功、赞誉、尊敬、金钱、权力、地位、名望……正是这些因素驱动着人们不断进步，也正是在此过程中，拉开了贫富的差距。

穷人多无胆，富人多野心，早已成为哈佛人的共识，野心也成为拉开贫富差距的又一个关键因素。

野心，就是人们常说的企图心，在看待财富的角度问题上，毕业于哈佛大学的高材生们更富野心，他们渴望获得更大的财富，因此敢于创业，敢于尝试风险大的工作；而穷人则缺少这种野心，他们也渴望挣更多的钱，但是却不敢迈出第一步，缩手缩脚，害怕失败，害怕承担风险。所以，那些毕业于哈佛大学这类世界名校的学生们创业的多，甘心情愿一辈子给人打工的人少之又少。一旦认为时机成熟，他们绝不会错过机会。

野心就像兴奋剂，给立志成功的人时刻注入强大的动力，让人产生强烈的成功欲望。那些考入哈佛大学的孩子，并非个个家境殷实，大部分人考入哈佛大学就是为了改变贫穷的命运。要知道，当一个人很穷的时候，就会产生强烈的致富欲望，为此他们会想尽办法实现目标，而野心正是他们实现目标的动力。

很多一辈子碌碌无为，穷困潦倒的人，并不是缺少能力与经验，而是在很早的时候就失去了对成功的渴望，失去了野心，从而没有激发出自身的能量。

在这样的背景下，贫富差距就会显现出来，富人在野心的支撑下，产生强大的精神动力，日益进取，当完成一个目标后，就会产生新的目标，他们的财富也在这个过程中逐渐积累；而穷人则变得越发消极，认命，人生也失去了希望。

因为野心，穷人变为富人；因为野心，富人变为老板；因为野心，老板变为企业家。美国加利福尼亚大学的心理学教授迪安·斯曼特研究发现："野心"是推动企业发展的强大动力，一个企业只有拥有更大的"野心"，才可以创造更大的价值，攫取更多的资源。一个企业的野心越大，它所追求的目标也就越高，其自身的潜能才会发挥得更充分。

企业家的野心决定了企业的规模，一个失去野心的企业家就会失去追逐欲望的动力，他们在安于现状中止步不前，渐渐地被后人赶超，最后在激烈的市场竞争中被淘汰出局。

孩子们，如果你们不想浑浑噩噩度过此生，不愿每一天都在学校混日子，不愿将来在公司混饭吃，那么野心是最好的武器，它能激发你的斗志与潜能。把自己想象为成功者，努力向着亿万富翁的目标努力，你可能会成为下一个千万富翁；向千万富翁的目标努力，你很可能会成为下一个百万富翁；向着百万富翁的目标努力，你至少能够获得一份年薪十万的工作。

因此，趁年轻，一定要敢尝试，一定要有野心。社会上的穷人，绝大多数并不是缺少能力者，而是没有野心。尤其是上岁数以后，再没有年轻时的激情，他们的命运已经与贫穷死死地绑在了一起。

趁一切还来得及，让野心激发自身的能量吧。也许十年前，大家在同一条水平线上，然而十年后你们的身份则会有天壤之别。正如那些哈佛毕业生一样，进入社会之后，强大的野心帮助他们实现了财富梦想。

你的野心到底有多大

孩子们，想知道自己的野心有多大吗？完成下面的测验，你就会有所了解。请根据自己的实际情况，选择最适合的一项：

1. 你总是很刻苦地学习，参加各种社会实践，为的是增强自己的竞争力；

A.是；B.很难说；C.否。

2. 节假日经常参加各种补习班，或者参加社会实践；

A.是；B.很难说；C.否。

3. 你有一颗争强好胜的心，任何带有竞赛性质的活动都不想输；

A.是；B.很难说；C.否。

4. 曾经和自己处于同一起跑线的人，如今比你成功，你会感到很不服气，并努力赶超他们；

A.是；B.很难说；C.否。

5. 你认为野心越大，动力越大，成功的几率也越大；

A.是；B.很难说；C.否。

6. 你认为那些一事无成者都是缺少野心的家伙；

A.是；B.很难说；C.否。

7. 在学习中，你总想着如何考取更好的成绩；生活中，你总是尽可能参加社会实践；

A.是；B.很难说；C.否。

8. 你认为成绩得到大家的认可非常重要；

A.是；B.很难说；C.否。

9. 在你心中，一直渴望出人头地，渴望做出一番惊人的成就；

A.是；B.很难说；C.否。

10. 无论参加任何性质的比赛，如果明知会输，你绝不愿意参加；

A.是；B.很难说；C.否。

11. 只有在考取优异成绩或是取得进步时，你才会对自己感到满意；

A.是；B.很难说；C.否。

12. 总想在团体中成为领导者；

A.是；B.很难说；C.否。

13. 你想比身边的人更成功；

A.是；B.很难说；C.否。

14. 在某件事情获得成功后会有巨大的兴奋感和快感；

A.是；B.很难说；C.否。

15. 总是不知疲倦地为实现心中的目标而奋斗；

A.是；B.很难说；C.否。

16. 人生中的每一个阶段都有不同的目标；

A.是；B.很难说；C.否。

17. 无论学习还是生活中，你很享受克服困难、解决问题的乐趣；

A.是；B.很难说；C.否。

18. 平时总喜欢拿自己的成绩和别人作比较；

A.是；B.很难说；C.否。

19. 很在意别人的批评，希望一切做到最好；

A.是；B.很难说；C.否。

20. 你认为比赛的乐趣在于分出胜负，否则比赛就失去了意义；

A.是；B.很难说；C.否。

21. 你对自己的知识、能力和成绩总感到不满，希望做得更好；

A.是；B.很难说；C.否。

22. 关于未来，你不愿从事稳定但发展机会较少的工作；

A.是；B.很难说；C.否。

23. 如果你是团队中的领军人物，一定会比所有团队成员更努力；

A.是；B.很难说；C.否。

24. 希望能够在短时间内取得多方面的成功；

A.是；B.很难说；C.否。

25. 梦想成为人群中最出色、最富有、最成功的人；

A.是；B.很难说；C.否。

计分标准：

选A得2分，选B得1分，选C得0分，最后计算总分。

测试结果：

一般来说，分数越高，成就动机越强烈，野心也就越大；反之，分数越低，成就动机越弱，野心就越小。

从下表中可以找到你所在的年龄段及相应分数的含义。

成就动机年龄段分布表

14～16岁	17～21岁	22～30岁	31岁以上	成就动机
40～50分	35～50分	42～50分	40～50分	强烈
36～39分	31～34分	32～41分	35～39分	较强
23～35分	22～30分	26～31分	28～34分	一般
19～22分	14～21分	20～25分	23～27分	较弱
6～18分	0～13分	0～19分	0～22分	很弱

————— 哈佛亿万富豪给青少年的成长箴言 —————

孩子们，时至今日，你们应该明白了，"野心"再也不是一个反义词。对于渴望改变世界的年轻人来说，野心是一种力量，能够激发出潜在的能量。所以，要为自己的野心感到骄傲，只是有时候，也要适当收敛，学的圆滑老成一些，否则你的野心会被别人当做企图心，从而夭折。

🏆 不羁的个性

仔细观察，不难发现，很多成功人士都非常有个性，而碌碌无为的平庸者多是缺乏个性之人，他们在日复一日的磨洋工中也磨平了个性。

世界需要色彩，人也需要个性，如果世界只有几种颜色，如果每个人都是同样的性格，那么我们的生活也太无趣了。

为什么总有少数人可以成功，不仅改变了自己的命运，还颠覆了人们的观念，甚至改变了整个世界？这与他们的性格有很大关系，如果当年他们也像大部分人一样，中规中矩的工作、生活，怎么可能引领人们的观念，怎么可能改变世界？

Facebook创始人马克·扎克伯格年少成名，成为世界上最年轻的亿万富翁，他不羁的性格为世人津津乐道，这一点从他的名片便可看出："I'm CEO，bitch"。

■ 我们都曾是叛逆少年

我们都曾有过年少轻狂的时候，那时候虽然年幼无知，行为幼稚，却敢于大胆标榜自己的个性，虽然在老师和大部分同学眼中，我们有些另类甚至是不可理喻，但我们依然坚持自己的个性，始终没放弃梦想。当别人用异样的眼光看待我们时，我们只会自嘲地说："我的世界你永远不懂。"

我没有做过统计，不知道曾经的叛逆少年有多少人成功了，不过我想，只要他们没有成为问题少年，一定会混得不错，至少他们能够找到自己想要的生活。

　　20岁便一手缔造了Facebook的马克·扎克伯格，虽然身为公司创始人，但他依然还是个孩子，依然有着与同龄人一样的叛逆不羁性格。作家大卫·柯克帕特里克在其书中便披露了这位CEO不为人知的一面，喜欢舞刀弄剑，逢人便发"I'm CEO, bitch"的名片……

　　扎克伯格关于派发名片的一事，就已经彰显出其叛逆不羁的一面，他甚至被视为"蝇王"。扎克伯格并非只会一意孤行，他有两套名片，一套上的头衔是"首席执行官"，另一套上则是"我是首席执行官，婊子！"

　　此外，恶搞是扎克伯格最喜欢的事，甚至在生意场上也是如此。当年，美国红杉资本投资公司看好Facebook，准备投资，然而扎克伯格并不买账，反而恶搞它们。

　　扎克伯格一行人故意迟到，并且在谈判时穿着睡衣而来，这还不算，他们甚至列出了不要投资的十大原因，其中几条完全是缺乏节操的恶搞，让对方大为光火，比如第1条"我们出现在这里只是因为一名红杉资本的合伙人让我们来"，第2条"肖恩·帕克参与其中"，第3条"我们迟到，并且穿着睡衣"。

　　多年以后，当扎克伯格渐渐成熟起来之后，回忆当时的行为，也觉得很不合适，他说："我感到我们真的冒犯了他们，我对此表示抱歉。"

　　扎克伯格的疯狂行为还有很多，有些确实很幼稚，但这正是其不羁性格的体现，如果扎克伯格是个老实的孩子，那么很可能激发不出那么多奇思妙想，今天的10亿人也可能无法享受Facebook带给他们的乐趣了。

　　威廉·伦道夫·赫斯特（1863年4月29日–1951年8月14日），美国报业大王、企业家，赫斯特国际集团的创始人。这个家伙也是一位饱受争议的人物，被称为新闻界的"希特勒"、"黄色新闻大王"。

　　1885年赫斯特进入哈佛学院，并且成为Delta Kappa Epsilon（A.D. Club，哈佛最具声望的终极俱乐部之一）会员，其不羁的性格也让人记忆犹新。大二时，因为庆祝格罗弗·克里夫兰当选总统，竟然在哈佛校园内燃放烟花，结果被勒令休学。复学几个月之后，他再次恶搞教授，用威廉·詹姆斯和乔赛亚·罗伊斯两位教授的画像装饰便壶，结果这一次难逃厄运，他被哈佛大学逐出校门。

我们都曾是叛逆少年，我们从未放弃心中的梦想，孩子们，世界需要色彩，每个人也需要有自己的个性，未来一定是属于你们的，大胆想象，大胆创造吧，不要因别人世俗的眼光改变自己的个性。

■ 特立独行的金融天才杰米·戴蒙

杰米·戴蒙（Jamie Dimon）金融天才，哈佛大学MBA，华尔街传奇人物，摩根大通新CEO，世界上最让人敬畏的银行家之一，全球500强最年轻的总裁，《财富》杂志评选的25位最具影响力的商界领袖之一，深得奥巴马的信赖，他也因此成为美国最有权力的银行家之一。

杰米·戴蒙特立独行的性格在小时候便显露出来，如果他认定的事，一定会坚持己见。当年在曼哈顿的布朗宁男校读书时，一次被老师点名批评，由于他是班上唯一一位非洲裔美国人，当老师责问他说："为了解放黑人奴隶我们牺牲了60万人，难道这就是我们得到的报答？"没想到，杰米·戴蒙二话没说，拿起书包扬长而去。

杰米·戴蒙特立独行的个性从未改变，当他从哈佛大学毕业之后，来到波士顿一家管理咨询公司工作。有一次，上级领导安排他加班加点工作，并且占用了周末时间，没想到周一的时候，上司却对此事只字未提，显然并不着急，这可惹火了杰米·戴蒙，尽管同事们都劝他，但他依然找到上司理论，并告诉上司今后再也不会替他完成其他任何项目。事后，杰米·戴蒙对同事说："我就是这样，如果他们看不惯的话，炒我鱿鱼好了！"

有几个上司有勇气炒掉毕业于哈佛大学的金融天才呢？他们承担不起这样的损失，杰米·戴蒙特立独行的性格建立在真才实学之上。在此，我想告诉青少年，保持个性非常重要，但是最好建立在真才实学的基础上，现实很残酷，如果你只是徒有一身个性，那么结果可能很糟糕。

魅力个性的养成

（1）充分认识自己

培养个性建立在充分认识自己的基础之上，挖掘自身的优势与劣势，发挥优势，改进不足，这样才能更好地发展自己的个性。

（2）想要成为什么样的人

崇拜谁？想要成为什么样的人？青少年善于模仿，所以找到一个合适的偶像很重要，但由于青少年的心智不够成熟，很容易陷入盲目模仿的境地，这就要求找到一个健康的公众人物作为偶像，以此养成自己的个性。

（3）发掘自己的天赋

孩子们，如果你对某一方面有天赋，无论多少人反对你，也不要轻易放弃自己的梦想。沿着你喜欢的道路前行，将你的天赋发挥出来，在此过程中你会形成独特的、属于你自己的个性。

（4）敢于与众不同

这是一个强调个性的全新世界，所以你不必在乎别人的眼光，敢于鹤立鸡群。只要是你认为是对的，并且在不违反道德准则，不影响他人，不违法违纪的情况下，大胆做自己，这是一种自信的表现，这也是做自己的最好方式。

（5）不要像所有人一样生活

他们都报补习班，我也报；他们都买iPhone手机，我也买；他们都……你不必像所有人一样，别人怎样你不用管，只需做好自己，并在此过程中寻找到愉悦感。只要你认为能够带来快乐的事情，就去大胆追逐，我们的生活不该都是一个模样，你完全有能力创造属于自己的人生。渐渐地，你会发现自己的独特的个性就此养成。

（6）独到的见解

培养自己的个性需要有独立思考能力，也就是对某件事要有独到的见解，拒绝人云亦云，否则你就会像所有人一样学习、工作、生活，相信我，那不是你所想要的人生。每一个能够考上哈佛大学的学生，都有着独立的见解，这也是哈佛大学非常看重的能力之一。所以，遇到事情先想一想，养成独立思考的习惯，这也是培养个性的重要因素之一。

（7）稳定的心理状态

个性的养成还建立在稳定的心理状态之上，很多孩子个性脆弱，内心不够稳定，一旦遇到挫折，很容易丢掉自己的主见，人云亦云。在当今社会，想要做一个有独立个性、有主见的年轻人并不容易，会遇到来自方方面面的阻力，这些都要求青少年拥有过硬的心理素质，才能在巨大的压力下保持稳定的心理状态，不会轻易改变。

────── ∽ 哈佛亿万富豪给青少年的成长箴言 ∾ ──────

这是一个充满个性的时代，没有个性的人反而被视为"怪胎"，性格是一个人成功的最大保障，叛逆不羁的性格虽然不被社会大众接受，但却是年轻人真实性情的体现。所以，孩子们，你们不需要隐藏自己的个性，大胆表现出来吧，这个时代需要有个性的年轻人。

这是一个既复杂又无奈的世界，当你成功了，不羁的个性就会成为你的优点；而当你失败了，不羁的个性就会成为你的缺点。所以，保持自我个性的同时，你们还要为成功而不断努力。

🏆 无所畏惧的勇气

这个世界只有勇敢的人才能赢得最终的胜利，那些缩手缩脚的家伙总是在犹豫，他们没有胆量付诸行动，任凭梦想一次次幻灭。孩子们，年轻就是资本，如果趁年轻都不敢搏一搏，以后恐怕再也没有这样的勇气了。

无所畏惧的勇气是那些哈佛高材生的秘密武器，他们梦想着改变世界，他们当然知道这个过程有多么艰辛，会遭到怎样的嘲笑，但他们依然义无反顾，有些人最终成功了，源自于他们骨子里的勇敢。

■ 华尔街传奇银行家杰米·戴蒙

作为摩根大通的CEO，杰米·戴蒙凭借超凡的勇气率领公司成功避免了一场金融灾难，"危难时刻方显英雄本色，杰米·戴蒙在当前危机形势中的所作所为会使他赢得像人们对约翰·皮尔庞特·摩根那样的金融家的尊敬。"银行分析师Richard Bove如是说。

2009年，杰米·戴蒙迎来了职业生涯的高峰期，得到了美国总统奥巴马的肯定，成为华尔街最有权势的人物之一，股神沃伦·巴菲特还特意推荐了杰米·戴蒙写给股东们的年信，要知道，这也是一种殊荣，毕竟股神的年信在世界范围的投资领域拥有的读者是最多的。

杰米·戴蒙最为欣赏的品质之一便是勇敢无畏的精神，时刻提醒人们不要忘记美国第二十六任总统西奥多·罗斯福的教诲：

真正的尊敬，既不属于那些批评别人头头是道的人，也不是属于给强人指出过错、指点别人哪里做得不好的人。真正的尊敬，是属于那些勇于亲身投入竞技场中、脸上沾满了尘土、汗水和鲜血的奋斗者们。他们坚持不懈的努力，尽管曾经犯下错误，并一再失败，但他们满怀激情，执着不懈，将生命奉献于崇高的事业。他们为经过艰辛努力最终取得的伟大成就而自豪，如果失败，他们也败得荣耀。因此，那些既没赢得过胜利，也没懂得什么叫做失败的，冷漠、胆怯的灵魂，是永远也无法与这些真正值得尊敬的人相提并论的。

孩子们，真正勇敢的人是值得尊敬的，在你们的人生旅途中，很多时刻需要作出勇敢的抉择，放手一搏，输了也是一种荣耀。

■ 萨默·雷石东：从"二战"英雄到传媒帝王

很多年轻人可能没有听过萨默·雷石东这个名字，但是很多人一定看过他们公司拍的电影《阿甘正传》、《勇敢的心》、《泰坦尼克号》……是的，他就是全世界最大传媒娱乐公司的老板。

萨默·雷石东是一位具有传奇色彩的犹太人，充满了勇气与激情，也正是凭借这样的品质坚持到今天，成就了伟大的事业。

萨默·雷石东出生于美国波士顿的一个犹太移民家庭，父亲依靠贩卖油布维生，支撑着一家四口的日常开销。因为犹太血统，萨默·雷石东从小受尽歧视与欺辱，也因此形成了坚强无畏的性格。

在萨默·雷石东看来，生活是严酷的，一个没有勇气的人不会取得任何成就。

1940年，雷石东以波士顿拉丁学校300年来的最高平均分毕业，考入了美国最知名的学府哈佛大学。

1941年12月，随着日军突袭珍珠港，太平洋战争爆发，美国正式卷入第二次世界大战。年轻的雷石东毅然参军，担任破译日本军事密码的任务，并多次立下战功，成为了二战英雄。

萨默·雷石东的勇敢体现在生活和工作中的各个方面，1979年3月的一天，雷石东下榻的波士顿考普雷广场饭店发生火灾，雷世东虽然大难不死，但全身已被严重烧伤。据知情者回忆，当时雷世东浑身是火，挣扎着爬出窗户，悬吊在窗外的架子上直到被救。

人们都以为这次事件之后，雷世东会发生改变，淡出公司管理层。没想到，他反而更加坚强。经过一年80多次植皮手术的治疗，那个勇敢无畏的雷石东又回来了。他说："人们经常认为像这样的事情会改变你的人生和性格，改变你的希望和目标。但这其实并非事实。我认为自己并没有被大火所改变，在大火之前的我和在大火之后的我其实是一样的，都有强烈的取胜的渴望，都希望能够把事情做到最好，这些想法始终如一。"

如果说这次火灾给雷世东带来的最大改变，恐怕就是更加疯狂地投入到工作中，生命无常，人生易逝，此后雷石东更加大胆地开始疯狂地收购。随着他大刀阔斧的改革以及一路收购，他的维亚康姆公司今天已发展成为世界最大的传媒和娱乐公司之一，年收入超过了120亿美元。

佛魔法哈课 如何培养无所畏惧的勇气

（1）战无不胜、所向披靡的信心

信心在任何时刻都能起到决定性的作用，尤其对于涉世不深的青少年来说，此时建立信心是最重要的。缺少自信的人何谈勇气？所以，青少年要注重培养自己的信心，通过一次次成功的体验增强自信，告诉自己"我能行"。一旦拥有了战无不胜、所向披靡的自信心，那么超凡的勇气也会随之而来。

（2）克服心中的恐惧

恐惧心理是很多孩子难以闯过的一关，要想建立无所畏惧的勇气，首先要闯过内心恐惧的关口。首先要清楚对什么人、什么事感到害怕，为什么害怕？清楚之后，就要寻找解决问题的方法。一旦内心恐惧被彻底消除，那么内心深处就会形成越发强烈的勇气。

（3）敢于冒险，敢于挑战

培养无所畏惧的勇气，冒险精神必不可少，平时多参加一些有挑战性的运动，尝试新鲜刺激的事物，可以在很大程度上提高勇气。

（4）应对挫折训练

对于心智不够成熟的青少年来说，挫折对于勇气的打击是非常大的，很多孩子就此沉沦，长时间无法恢复。所以，培养无所畏惧的勇气，少不了相应的挫折训练。青少年可以给自己设置障碍，在克服困难，解决问题的过程中磨炼自我，同时也能提升勇气。

———— 哈佛亿万富豪给青少年的成长箴言 ————

孩子们，有胆成功，就要有胆失败，唯有勇气能让你们正视人生路上遇到的各种困难，平静面对成功与失败。没有人可以随随便便成功，你的勇气将会帮你度过人生中的一次次危机。勇气是一生的财富，一定要珍视它，并且善于利用它的力量来成功。

Facebook首席运营官雪莉·桑德伯格在哈佛大学演讲时曾经说过：在Facebook总部，我们始终让员工站得更高看得更远，心怀大志。办公室墙上到处贴着红色海报，有的写着"财富青睐勇敢的人"，有的写着"如果你无所畏惧，那还有什么不可能？"这个问题源于巴纳德学院的校友安娜·昆德兰女士，她说过自己的专业就是"无所畏惧"。千万别让恐惧淹没欲望，让你所面对的障碍来自外部，而不是你的内心深处。财富确实更青睐勇敢的人，我保证，只有尝试过你才知道自己的能力能够达到什么样的程度。

的确如此，财富永远青睐那些勇敢无畏的人，孩子们，大胆去尝试吧，你们的未来将无比精彩。

永葆活力的激情

激情是一种神奇的力量，它可以引领人们创造出很多不可思议的事情。年轻人朝气蓬勃，充满激情，这也是他们的优势，将这样的激情保持下去，无论对学习还是以后的工作，都会起到很大帮助。正如西点军校戴维·格立森将军所言："要想获得这个世界上的最大奖赏，你必须拥有过去最伟大的开拓者所拥有的将梦想转化为全部有价值的献身热情，以此来发展和展示自己的才能。"

缺少激情的人，做事很难持久，更不要说成功了。所以，年轻人，激情是你们的优势，一定要充分利用它，以此成就自我。

■ 激情引领成功

一个缺少激情的人是很难成功的，因为他们做事缺乏持久性。每个人在不同的年龄阶段都会树立不同的人生目标，无论是哪一个目标，都需要持久的激情，否则很容易半途而废。作为一名学生，如果缺少激情，那么学习就没有动力，成绩也会时好时坏。如果你的志向是考入世界顶级学府——哈佛大学，就必须时刻充满激情，才能向着目标越走越近。

现任微软公司首席执行官史兼总裁的史蒂夫·鲍尔默就是一个非常有激情的人，很小的时候他就认识到激情对于成功的重要性，并将这种状态一直延续至今。

8岁的时候，史蒂夫的父亲就告诉他，哈佛大学是唯一的目标。从此，史蒂夫便充满了学习的热情，高中时参加数学竞赛获得了全美国前10名的好成绩，拿到哈佛数学系奖学金。在美国高考SAT考试中获得了1600分的满分。1973年，史蒂夫·鲍尔默终于如愿进入哈佛大学。也正是在哈佛大学，他遇到了比尔·盖茨，从此两人结下了长久的友谊与紧密的合作关系。

为什么比尔·盖茨会选择史蒂夫·鲍尔默？后者的激情是盖茨看重的原因之一。2008年，史蒂夫也终于接替了盖茨的位置，成为微软公司的总裁。

史蒂夫·鲍尔默是一个充满激情的人，时刻散发出光芒，不仅如此，他还用自己的激情感染着团队中的每一个人。史蒂夫通过激情演讲，能够让在场的每一位听众热血沸腾，站在舞台中央的他总是神采奕奕，光芒万丈，拥有了这样的领导，就不难理解为什么微软公司一直是世界第一公司了。

激情是每一位成功者必备的素质，拥有了激情，也就拥有了成功的资本，而青少年时期是培养激情最重要的阶段，一旦养成习惯，必将受益终生。

没有激情的人，很难获得成功。作为一名学生，没有激情，学习便缺少动力，很难考出理想成绩；作为一名员工，没有激情，工作便缺少动力，很难创造好的业绩。

充满激情地学习、工作与生活，是一种负责任的态度，这样的人生才够精彩。在他人眼中，一个充满激情的人总是被人欣赏与信任。很多时候，同一件事交给不同的人去做，往往会出现不一样的结果，即便两人的能力、经验都相差无几。这是为什么呢？原因就在于他们对待工作的激情。一个充满激情的人，总会全身心投入到工作之中，因此总能够打来更好的结果；反之，缺少激情的人，办事总给人拖延懈怠的感觉，他们的工作总是让感到不太完美。所以，老板更愿意雇用那些充满激情的家伙，即便他们在其他方面有这样或那样的不足。

充满激情地学习、工作与生活，是一种负责任的态度，对自己负责，也对他人负责。激情的力量可以引领每个人走向成功，度过生命中任何一次危机。

■ 赢的激情

传媒帝王萨默·雷石东曾经在中国接受采访时被问到何时退休，他说："我从来没有考虑过这个问题。其实我不十分关心我的年龄，我更多考虑的是成功，如何取得更大的成功。我心中那股赢的激情将永远不灭。"

心中的激情永不熄灭，这就是萨默·雷石东的宣言，他说过，"人们总是愿意把我的成就与那场大火联系在一起，认为与死亡擦肩而过的遭遇使我对生活有了新的认识，在体会到了生命的可贵之后，我以更大的精力投入到了新的生活之中，但事实决非如此。我的个人信念、我的价值观始终不曾改变，那就是追求赢的激情，这种激情体现了我全部的生命意义。"

"赢的激情"，这就是雷石东生命的意义与必生的信仰。因为想赢，所以人生充满了激情，63岁的那年，当大多数人选择退休安度晚年的时候，雷石东却出手收购了维亚康母公司。从此，他的生活更加惊心动魄。

收购了维亚康姆公司之后，雷石东焕发了青春，他能够让规模如此之大的维亚康姆公司保持20%的年增长率，听起来让人不可思议。"我找到了青春之泉，但我不会告诉你它在哪里，因为那是我的。"雷石东77岁高龄时这样说道。"秘诀其实很简单，那就是不管你做是什么事情，都要喜欢它，对它充满热情，然后就是努力地工作不论做什么事情，我都会付出最大的努力"。

雷石东的一生充满了激情，因为想赢，所以不断进取，这是一种赢得激情。63岁时，雷石东收购了维亚康母公司；70岁时，雷石东收购了派拉蒙电影公司；76岁时，雷石东收购了哥伦比亚广播公司……因为想赢，因为充满激情，雷石东从一个机车影院的老板，不断收购，不断扩张，成为一个年收入达246亿美元的传媒帝国的国王，"赢的激情"成为他毕生的信仰。

雷石东的成功源于对赢的渴望，源于对工作、对生命充满激情，他说："要想真正成功的话，必须要有想当第一的愿望才行，并不在于他们是商人、是医生、律师还是老师。我对工作的热情始终未减，赢的意志就是生存的意志。我心中那股赢的激情使我感到永远年轻。"

是啊，拥有激情的人永远年轻，因为想赢，所以会投入更多精力，付出更多心血，这也是任何一位毕业于哈佛大学的精英所达成的共识。孩子们，充满激情地学习、工作与生活，未来就是属于你们的！

佛魔法哈课 如何保持长久的激情

（1）充沛的体能保障

想要充满激情地投入到学习、工作与生活中，必须有充沛的体能做保障，一个无精打采的人是不可能显现出任何激情的。所以，青少年应该从小加强身体训练，不要只顾学习而忽视了体育锻炼。拥有了良好的体能储备，你会发现身体里似乎有使不完的劲，无论做什么事，你都会显现出超过常人的激情与活力。

（2）做自己感兴趣的事

对于不感兴趣的事，很难保持长久的热情，所以，青少年要从小培养自己的兴趣爱好，找到最感兴趣的事，并愿意为之付出毕生的精力。那么，你会发现，越努力，你的成就感越大；成就感越大，投入的时间与精力就越多。你不会感到疲惫，反而充满了激情，如此循环往复，成功便不期而遇。

（3）心中始终充满强烈的渴望

强烈的渴望指引人们向着目标不断前行，同时点燃每个人心中的激情，在这样的状态下，无论学习、工作与生活，都会进入良性循环。因此，想要点燃心底的激情，就要发掘出内心强烈的渴望。例如，你想考入哈佛大学，在这种强烈渴望之下，你便会充满激情地投入到学习之中，从而进入最好的学习状态。

（4）时常用成绩激励自己

激情会随着成绩的好坏而增减，所以为了保持长久的激情，要学会时刻激励自己。每当取得一定成绩时，可以以此鼓励自己；每当成绩出现滑坡，被别人赶超时，也可以激励自己奋发图强，追赶别人。利用这种自我激励的方式，能够很好地保持长盛不衰的激情。

──────── 哈佛亿万富豪给青少年的成长箴言 ────────

像哈佛精英一样充满激情地学习、工作，永远给自己制定更高的目标，以此激励自己，不断进取。孩子们，如果在年轻的时候都无法做到充满激情地生活，那么这样的人生便失去了意义。未来的道路还很漫长，你是想乏味地结束此生，还是充满激情地奋斗一生，至死方休呢？

与生俱来的冒险精神

提到冒险精神，很多人都会不约而同地想起维珍集团的老板理查德·布兰森，这位连高中都没毕业的传奇人物靠自己的能力白手起家，创造了一个财富神话。这位亿万富豪引起人们关注的并不只是他的财富，而是他的冒险精神，我们经常会在各大报纸杂志上看到他的新奇举动，很多都被视作疯狂之举，正是一次次疯狂的冒险行动，才让世人更深刻地记住了他。

■ 冒险是一种天性

在那些毕业于哈佛大学的天之骄子看来，敢于冒险是获得成功的基础，他们很小的时候，就表现出来非同常人的冒险天性，这好像是一股与生俱来的力量，引领他们去探索这个新奇的世界，创造出不可思议的产品。

冒险是一种天性，深植于顶级精英的骨子里，这也是为什么人成为亿万富豪之后仍然想去尝试一些具有挑战性甚至被认为是疯狂的危险的举动，除了赢得世人的关注之外，更主要的是满足自己内心的强烈渴望。

在这些超级富豪眼中，冒险是一种精神，更是一种天性，不敢冒险的人注定平庸。毕业于哈佛大学的巴西亿万富豪豪尔赫·保罗·雷曼在接受采访时提到自己最欣赏的三句名言，分别是：

"冒险而失败的人是可以原谅的，而从不冒险、从不失败的人，他的一生本身就是个失败。"——美国著名存在主义哲学家保罗·蒂里希。

"如果你不愿意冒非常之险，那么你就不得不接受平庸。"——美国著名激励演讲大师吉姆·罗恩。

"不冒险就无法获胜，这似乎是一项自然规律，不可改变，无法避免。"——美国独立战争时期第一位出名的海军军官约翰·保罗·琼斯。

正是由于雷曼的冒险天性，让他敢于大胆投资，并在一次次收购中大获全胜，并随着与股神巴菲特的合作成功，一举成为巴西首富。

正所谓英雄所见略同，几乎所有超级富豪都将冒险天性看做非常重要的因素，在前任世界首富比尔·盖茨的眼中，成功的首要因素就是冒险。

在比尔·盖茨的一生中，助他持续收获成功的最重要因素就是与生俱来的冒险天性。他甚至认为，如果一个机会没有伴随着风险，这种机会通常就不值得花心力去尝试。盖茨认为，冒险和机会是并存的，冒险让人生充满激情与活力，风险让事业充满挑战与趣味。比尔·盖茨的冒险天性是与生俱来的，很小的时候他就意识到了这一点，并着力培养冒险精神。考入哈佛大学之后，盖茨更加清楚地意识到冒险精神的重要性，所以在哈佛的第一个学年就制定了一个策略：逃掉大多数课程去做一些感兴趣的事，然后在临近期末考试的时候再拼命恶补。盖茨试图通过这样的冒险方式，检验自己如何花费尽可能少的时间得到足够高的分数。也许当时盖茨并不十分清楚，他已经具备了企业家基本素质之一：如何利用最少的时间和成本得到最高的回报。比尔·盖茨被世人熟知的最著名的一次冒险行为无疑是从哈佛大学退学创业，这在当时遭到了几乎所有人的反对，在很多人眼中甚至是不可思议的事情。这所全世界学子心中的梦想圣殿，想要来到这里是一件多么困难的事情，竟然有人会从这里退学。大家想不明白，而比尔·盖茨也很清楚，这将是他生命中第一次真正的冒险，只能成功，不能失败。

事实证明，盖茨成功了，虽然这次冒险付出了很大的代价，当他再次回到哈佛大学演讲时，依然对自己没能拿到哈佛本科学位这件事感到遗憾，他略带幽默地说道："尊敬的Bok校长，Rudenstine前校长，即将上任的Faust校长，哈佛集团的各位成员，监管理事会的各位理事，各位老师，各位家长，各位同学：有一句话我等了三十年，现在终于可以说了：老爸，我总是跟你说，我会回来拿到学位的！"

虽然略带遗憾，但是盖茨的这次冒险是值得的，因为他最终成功了，创建了微软公司，成为了世界首富，更重要的是，他为整个世界做出的贡献，为整个世界带来的不可思议的改变。

比尔·盖茨的冒险天性不仅表现在工作上，生活中也是如此，从他喜欢的交通工具便可看出：快艇和跑车。你可能想象不到，给世人一副稳重印象的比尔·盖茨是一位狂热的跑车爱好者，他喜欢风驰电掣的感觉，在他西雅图附近的豪宅车库内，停放着很多产自德国的超级跑车，尤其钟爱的是那辆保时捷959，它可以在20秒内加速至每小时320公里。保时捷公司将该型车作为技术测试车，仅生产了约200台。不过，盖茨开着这辆超级跑车狂飙的日子可能要结束了，因为华盛顿州的环保措施很可能限制高排放量汽车的上路。

比尔·盖茨喜欢驾驶飞机飞越崇山峻岭，喜欢驾驶游艇遨游大海，喜欢驾驶汽车到沙漠旅行，在体验极速给他带来的快感同时，也让人们感受到了这位超级富豪骨子里的冒险天性。

■ 在每一次挑战中追求卓越

喜欢冒险，喜欢接受挑战几乎是所有亿万富豪的特性，Facebook创始人马克·扎克伯格经常挂在嘴边的一句话就是："最危险的事情就是不敢冒险。"为此，他经常鼓励所有员工勇敢决策，即便这意味着错误。

扎克伯格喜欢接受挑战，这是深植于骨子里的一种不服输的性格，一种冒险天性，从一个小故事便可看出。据说，曾经有人跟他打赌，赌他一周内无法完成5000个俯卧撑，所有人都对此表示怀疑，开出了赔率30∶1

的盘口。然而，扎克伯格从来不会认输，他制定了每天定时完成10~15个俯卧撑的计划，即便是与人会面时也不间断。一周之后，扎克伯格赢了。

扎克伯格的喜欢接受挑战的性格也影响着他的公司，他的员工。首席运营官雪莉·桑德伯格在一次接受媒体采访时坦承：自己"是一个喜欢变化的人，并且，敢于拥抱变化"。在桑德伯格看来，缺少变化的生活是乏味的，缺乏挑战性的，也是不可接受的。正是这样的性格，Facebook在扎克伯格和桑德伯格的率领下，一路高歌猛进，所向披靡。

传媒帝王萨默·雷石东1923年出生在美国波士顿的一个犹太移民家庭，小时候家境贫寒，必须使用公共抽水马桶的生活经历让他感到耻辱，从儿时起，他就发誓要改变现状。后来，随着雷石东父亲在商业上的逐渐成功，家庭条件得到了极大改善，父母开始关注孩子的教育问题，母亲经常对雷石东说"得不到第一就是失败"。正是从那时起，雷石东逐渐养成了喜欢挑战的性格。

雷石东在学习上从不服输，对于竞争与挑战抱有极大的热情，在进入全市最好的公立学校——波士顿拉丁学校后，雷石东便进入了挑战模式，用他自己的话说："每天早晨，自打从床上爬起来，乘上街车，来到学校的那一刻开始，我就像进入了激烈的战场。成为第一的欲望占据了我的大脑，除了学习，我再也没有任何活动。"结果没有令人失望，雷石东以波士顿拉丁学校建校300年来最高平均分毕业，顺利进入哈佛大学。

雷石东喜欢挑战的性格贯穿于他的一生，在他看来，任何竞赛都有两个结果，要么成功，要么失败。20世纪80年代，大家都认为MTV、儿童频道不会走很长久。20年后，在众多频道当中，它们却是最成功的品牌。在公司，可以说内容为王，必须冒一些创造的风险，有一些理念是会失败的，但必须冒险才知道能不能取得突破。

这就是传媒帝王萨默·雷石东成功的关键因素，喜欢挑战与冒险，永不服输，一次次的收购与扩张，终于成就了他的传媒帝国。

如何培养冒险精神

（1）不要吓唬自己

很多人在没有尝试之前就告诉自己"不可能"、"这件事有多么危险"、"万一失败了怎么办"……过多的担心让这些人不敢迈出第一步，也就无从成功。在培养冒险精神的过程中，一定会遇到风险，这是难以避免的，但是如果永远不敢走出第一步，永远给自己设置困难，找到诸多借口吓唬自己，这样的人只配拥有懦弱的人生。

（2）打破惯性思维

在很多中国人的心中早已形成了惯性思维，一代一代传承至今，他们不敢尝试新鲜事物，不敢做出改变，害怕由此带来的后果。举例来说，年轻人更愿意选择高枕无忧的公务员，也不敢自己创业当老板，这在哈佛学子心中，简直就是一个笑话。因此，想要培养冒险精神，需要打破早已根深蒂固的惯性思维，这是一个全新的世界，你不必再去遵循从前的条条框框。

（3）接受挑战

如果说现在的青少年接受挑战的机会太少，那是因为家长的保护太严。一旦当你长大之后，意识到冒险精神的重要性，那么就该放手去尝试，在你还没有像大部分人一样形成固定思维之前，试着接受各种挑战，进行各种冒险活动，也许你会看到世界不一样的一面。

（4）参加社会实践

社会是一个大熔炉，也是年轻人培养冒险精神的绝佳场所，象牙塔虽然美好，但没有人可以一辈子待在里面。所以，尽早参加社会实践，你会看到之前从未见过、从未想象过的事情，虽然社会也有其残酷的一面，但却非常真实，有助于个人的历练与成长，冒险精神在这个过程中会得到很好的培养。

（5）永远不要失去好奇心

好奇心是孩子的天性，有些孩子随着年龄的增长好奇心渐渐消失，对于冒险活动也不再感兴趣。所以，保持好奇心也是培养冒险精神的重要因素之一。

哈佛亿万富豪给青少年的成长箴言

美国哈佛商学院心理分析专家亚拉伯罕·扎莱尼克说过，要想了解企业家，首先应当了解少年罪犯的心理，即追求自主和摆脱束缚，有一种内在的叛逆和不怕风险的精神。

叛逆，喜欢冒险与挑战，这些都是企业家的特质，他们永不满足，不断接受全新的挑战，对常规和惯例有天然的抵触情绪。

也许，这样的人在会被视为异类，尤其在我国大部分家长的观念中，这样的人绝不是好孩子，然而结果如何呢？他们中的一些人改变了世界，而被教条束缚的老实人则在循规蹈矩地活着。

你要选择怎样的人生？自己定夺吧。

永不服输的好斗性格

仔细观察不难发现，很多富豪都有一个共同点，那就是好斗的性格，他们骨子里都有一种争强好胜的性格，只想赢不想输，这也是他们成功的关键因素。这里说的好斗性格不是好勇斗狠，而是一种不服输的性格，不愿接受任何失败。

■ 永不服输

能够成为亿万富豪，一定有不服输的性格，他们希望在每一次竞争中获胜，永远处于王者的地位，这在蝉联了十几年世界首富的比尔·盖茨身上体现的尤为明显，他的微软公司甚至一度招惹上了反垄断官司，然而世人都很清楚，比尔·盖茨永远不会妥协，因为他不想输。正是因为这样的性格，比尔·盖茨成为一个令所有对手胆寒的家伙，他从不服输，绝不退缩，更不会妥协，他只会一次次地击败对手，直到所有人都臣服于自己脚下。

曾经任职微软公司的李开复先生回忆说，盖茨年轻时是一个非常喜欢争强好胜的人。在李开复看来，如果盖茨没有这样的性格，也不会有今日的微软帝国。他说："除了微软要做好的产品，他还非常喜欢打败对手。他非常不高兴的是，微软落后于竞争对手。所以如果微软在一个领域是第二名，他在追赶第一名的时候表现就非常厉害。"

比尔·盖茨永不服输的好斗性格在其掌管微软公司的过程中体现得淋漓尽致，然而他并不是一个很严厉的老板，李开复认为他是一个"很率真、很谦虚的人"，并表示这样的人在成功者之中相当少见。关于这一点，李开复讲了一个让其印象深刻的例子：

在一次内部会议上，某技术助理跟盖茨争论一个问题。助理告诉盖茨说："你错了。"盖茨说："我没错。"助理通过举例证明了老板的错误，这时盖茨才恍然大悟，并承认"你对了，我错了。"

在一旁的李开复看到这一幕非常惊讶，这可是世界首富啊，能够如此谦虚地向一位助理承认错误，可见其胸怀之伟大。

永不服输的好斗性格不代表严厉傲慢，这就是比尔·盖茨，其伟大的人格魅力一点也不逊色于他的财富。

■ 黑石集团的精神教父——史蒂夫·施瓦茨曼

史蒂夫·施瓦茨曼：华尔街王中之王，黑石集团的联合创始人。当年，史蒂夫·施瓦茨曼离开莱曼兄弟创办黑石集团时，只有两个合伙人。如今，凭借着永不服输的好斗性格，以及一系列眼花缭乱的交易、并购，他成为了黑石集团的"精神教父"，被誉为华尔街之王。

施瓦茨曼22岁毕业于耶鲁大学，之后又以优异的成绩考入哈佛商学院。这位天资聪颖的年轻人在华尔街一向以好斗著称，他说自己当初创办黑石集团的目的就是为了成为华尔街的赢家，成为华尔街之王。

如今，黑石集团帮助他实现了当年的伟大梦想，黑石集团拥有52个合伙人和750名雇员，每年超过850亿美元的多元化收入，集团旗下共有47家公司，黑石集团已经成为华尔街增长势头最迅猛的金融王国。

《商务周刊》记者曾经采访过史蒂夫·施瓦茨曼，下面是部分摘录：

《商务周刊》：一些报道说您非常好斗，只喜欢赢，您如何评价自己的性格？要做PE这一行是不是必须要具备好斗的性格？

施瓦茨曼：是的，在媒体报道里，人们常说我跟别人竞争时好斗，具有攻击性。我确实喜欢赢的感觉，是个生来就喜欢赢的人。金融界里的赢跟平常所说的赢是不一样的，如果你不能花一笔钱去买下一家公司，你就不能得到任何公司，这就不是赢。赢包括以你认为合适的价格买进一家公司，实际上PE是个竞争很激烈的行业，金融是商品，商品就牵涉到钱，这个世界有很多钱，你能胜出的唯一方式就是要有更好的竞争力，更好的策略，使你捷足先登。你要说服能为你团队增加价值的人加入，这其中的任何一点都很重要。你永远不能假设你是唯一一个能做这笔生意的人。它不是个被动的生意，也不是随意发生的生意。你会发现在PE行业里每个人会有不同的风格，大多数人看起来都很谦逊平和，但他们其实都是很有野心的人。如果你要问我，做这一行是否需要具备好斗的性格，我会说作为一个普通人你不需要好斗，实际上也没人喜欢跟这样的人交往；但是在金融界，要想成功，你确实需要超乎寻常的战斗力。如果你没有激情，就像是自动放弃，别人就会超过你，也不会传球给你，你就落后了，而第二名是没有战利品的。我很想说，我很高兴这么多年来我们有很多超级有激情的人一起共事，我们才能有今天。要知道，我们后面可有一大群人在虎视眈眈的奋力追赶，这是现实。

永不服输的好斗性格成就了施瓦茨曼，也成就了黑石集团。对于毕业于哈佛大学的亿万富豪来说，没有人愿意输掉任何一场竞赛，因为他们已经证明自己是这个星球上最出色的一部分人，怎么能接受失败呢？

对于青少年来说，培养不服输的好斗性格非常重要，如果今后想做出一番成绩，就不能轻易认输，必须要有想赢的渴望，才能在竞争中胜出。

■ 好斗性格测试

美国佛罗里达州温特帕克市罗林斯大学心理学教授约翰·休斯顿编制了一套竞争性量表，选择多种职业进行测试，结果显示职业运动员、地产经纪人以及辩护律师的得分最高，也就是说这几类人最喜欢竞争，而得分最低的是护士，好斗性低。

此外，约翰·休斯顿教授还将美国人的测量结果与中国人、日本人相比较，结果证明美国男人最好斗。

以下是该竞争性量表的部分问题，感兴趣的读者不妨测测自己的竞争性。

你认为：

1.竞争会破坏友谊；

2.没有最终赢家的游戏很乏味；

3.我时常都努力做得比别人更好；

4.一般情况下我会随大流而不制造冲突；

5.我很享受与对手竞争的乐趣；

6.我很害怕同别人竞争；

答案：如果你在问题2、3、5上回答"是"的话，那么说明比较具有竞争性，反之则说明你缺少好斗性格。

佛魔法哈课 如何培养不服输的性格

（1）树立正确的竞争意识

对于青少年来说，从小树立竞争意识非常重要，如果你要考入哈佛大学，那么不仅要成为你所在班级、年级、学校最优秀的学生，甚至要超越全国的学生，成为他们当中最优秀的，这样才可能最终进入哈佛大学。树立正确的竞争意识，努力在每一次考试中胜出，渐渐地养成不服输的性格。

（2）积极主动地面对人生

积极的人对生活总是充满了热情，也因此更喜欢竞争，他们不想成为失败者；而消极的人对人生感到失望，输赢对他们来说已经不再重要。因此，要想养成不服输的性格，就要热爱生活，积极地面对每一天。

（3）遇到困难永不退缩

对于青少年来说，人生才刚刚起步，在未来的日子里一定会遇到很多困难与挫折，如果每一次困难来临时总是选择退缩，那么很难形成不服输的性格。正确的态度是，无论遇到的问题有多么棘手，都要勇敢面对并解决问题，在此过程中就会感受到成功带来的快感。当终有一天，成功变为一种习惯，那么无论遇到任何事情，你再也不会想输了。

（4）锻炼身体，始终充满激情与旺盛的斗志

人生需要激情与斗志，这就要求青少年有足够的体能储备，所以在搞好学习成绩的同时，也要多多锻炼身体，这样才能在每一天的生活中投入足够的精力，始终充满激情与旺盛的斗志。

────── ✑ 哈佛亿万富豪给青少年的成长箴言 ✑ ──────

不是因为成为富豪，所以好斗，而是因为不服输的好斗性格，才让他们成为了超级富豪。换位思考，如果你是一位哈佛大学的高材生，你是全世界最优秀的一群人，那么怎么能心甘情愿地认输？

想赢是一种精神，是一种激情，更是一种难能可贵的性格，无论对手多么强大，永远都不要服输，在与强者对抗的过程中，即便无法成为最终的胜利者，你也会得到提升，磨炼出坚强的性格。

第四章

哈佛富豪具备的卓越能力

行动力：将每一个想法付诸实践

行动力是任何一位成功者身上所必备的能力，对此，青少年一定要有清晰的认识，有助于从小养成立即行动的习惯。无论多么奇妙的想法，不行动永远也不会看到梦想实现的那天。所以，年轻人，不要嘴上说如何改变世界，而是要为此付出切实的行动。

■ 有想法就要去实现它

能够成为世界顶级富豪的人并非三头六臂，只是他们在每一个细节上做得更好而已，以行动力来说，普通人习惯于光说不练，或者拖延懈怠，而那些毕业于哈佛大学的精英们却不是如此，在他们的脑海中有许多新奇的想法，每一个都有可能改变世界。一旦这样的想法出现萌芽，他们就会立刻付诸行动，努力证实自己的想法。

比尔·盖茨就是这样的人，当他正在哈佛大学读二年级时，发现了巨大的商机，于是不顾所有人的反对辍学创业。很难想象，盖茨当年是顶着多么巨大的压力开始创业的，毕竟他选择离开的是全世界最知名的学府之一，这是多少人梦寐以求的地方。如果创业失败，那么很可能影响未来的前程。

不过，种种疑虑与担忧并不能阻挡比尔·盖茨实现梦想的渴望，他看到了机会，并且坚信自己，因此绝不会错过实现梦想的机会。

有了想法就要去实现它，无论需要付出多么巨大的努力，因为只有立即行动，才有梦想成真的可能，才可能先他人一步成功。

而出色的行动力能够确保把想法变为行动，把行动变成结果，这也是精英人士非常看重的一项技能。很多老板都喜欢行动力强的员工，在2003年的《CEO调查》中显示："80%的CEO在选择中层经理时，在能力考察中将行动力视为最重要的评估因素。"

行动力是一项非常重要的能力，因为它能够确保每一个奇思妙想成为现实，然而事实却是，很多人的行动力较差，这些人并不缺少奇妙的想法，缺少的是一种立即行动的习惯，所以他们的想法总是停留在起步阶段，成功也与他们无缘。

对于青少年在行动力方面存在的问题，简单归纳为三点：

一、没有正确认识到立即行动的重要性。比如有些孩子的梦想是考上清华北大，甚至是美国哈佛大学，可是这种想法一直停留在他们的脑海中，直到高中毕业还没有开始行动，结果只能考上一所普通高校。

二、责任心不强。缺少责任心的孩子，在学习上不够努力，生活中不够负责，总给人一种混日子的感觉。遇到问题，他们不想着立即解决，而是能拖就拖，久而久之，行动力变得越来越差。

三、逆反心理，缺少无条件执行的能力。无条件执行上级命令是军人的天职，也是每一个老板最希望员工做到的。而对于青少年来说，由于正值青春期，叛逆心理很强，对于老师、家长的要求不予配合，拒绝无条件执行。

■ 只有行动能带来结果

梅格·惠特曼，现任惠普总裁兼CEO，曾任美国eBay公司首席执行官，美国哈佛大学商学院经济学硕士，亿万富豪。

在梅格·惠特曼看来，只有行动才能带来结果，不行动则会一事无成。在其个人著作《价值观的力量》一书中，她讲过一个故事：

1999年夏天的一个周末，惠特曼准备去度假，但在此之前，惠特曼还要去见一个很重要的人，一个可以跟她一起挽救eBay命运的人。

eBay怎么了？几周前，eBay的电脑系统发生了严重的故障，导致运营中断22小时，这一事件令惠特曼措手不及。之后，惠特曼立刻意识到公司需要一位领军人物来统筹管理整个电脑系统，使之运转正常，能够向用户提供优质高效的服务。

由于惠特曼在加盟eBay之前，没有在高科技行业工作的经历，所以她感到有些茫然无措，但她很清楚一点，无论是社区用户，还是投资者，都不可能忍受这样的事件再次发生。想到这里，她立刻拨通了猎头公司的电话："你们必须帮我找到最好的人。"

很快，一个名叫梅纳德·韦伯的人出现了，惠特曼了解到，这个家伙在业内大名鼎鼎，正是他需要的人才。然而，就在几个月之前，他刚刚从海湾网络公司（Bay Networks）跳槽到盖特威公司，而且在电话里说得很清楚，无意另谋高就，不过答应了惠特曼的见面要求，可以帮她出出主意。

这就是为什么惠特曼要在度假途中绕道去见韦伯的原因，从中不难看出惠特曼的行动力。虽然惠特曼知道不可能挖到韦伯，但是她并没有因此放弃见面的机会，因为她很清楚不行动就没有结果的道理。

两人见面后，惠特曼直奔主题，毕竟家人还在等着她一起去旅行。惠特曼简明扼要地阐述了系统面临的问题，谈到了eBay的迅猛发展以及未来的目标。这时，韦伯的眼角流露出一丝不易察觉的光芒。惠特曼很清楚，他心动了。

此后，惠特曼意识到机会来了，不断以公司业务的发展速度，丰厚的利润以及可能遇到的系统问题吸引韦伯，很显然，韦伯对此着迷了。到谈话结束时，惠特曼已经很清楚，韦伯已经拿定主意准备加盟eBay了。虽然惠特曼的家人为此等待了很长时间，但她觉得这一切都是值得的。

度假结束之后，惠特曼抓紧落实，继续做韦伯的工作，直到把他挖到公司来。

通过这个故事，可以看出惠特曼雷厉风行的性格，虽然在电话中被明确拒绝，但她仍然没有放弃，因为她坚信没有行动就没有结果。惠特曼没有放弃，结果成功将梅纳德·韦伯挖到公司来。

行动力测试

孩子们，行动力是一项非常重要的个人能力，无论在学习中，生活中，还是今后的工作中，都对你的前途起着至关重要的作用。那么，想知道你的行动力有多强吗？一起来完成下面的小测试吧！通过学习生活中的一些小习惯，看出你的行动力。

1. 当别人交给你一项任务时，能否在规定时间内完成？

A.很少完成；

B.大多情况可以完成；

C.每次都按时完成。

2. 生活中，对于不属于你职责范围内的事，你会经常找理由逃避吗？

A.至少3次以上；

B.仅有过一两次；

C.从来没有过。

3. 当你正在复习功课的时候，有同学向你请教问题，而你的时间很紧，你会怎么做呢？

A.先帮同学处理问题；

B.找个借口推辞掉；

C.委婉地拒绝，表明自己很忙。

4. 当老师布置完作业后，你习惯怎么做？

A.先放着等会儿再处理；

B.立即着手去做；

C.先弄清楚交作业的时间再着手去做。

5. 当你在外面玩时，老师给你打电话，让你回学校一趟，你会怎么做？

A.不去理会；

B.玩够了再说；

C.放下东西立即赶回学校。

6. 早上老师布置了一项作业，让你下午做完，你会怎么做？

A.中午之后再开始做；

B.立即开始完成作业；

C.先仔细浏览了一遍作业要求，理清思路再处理。

7. 假设在学校组织的演讲活动中，你是班长的助理，帮他准备演讲稿，这时却发现演讲稿似乎少了一句，你会怎么做？

A.觉得无所谓，不必提醒班长；

B.和班长说一声，让他自己拿主意；

C.立即写上去，并通知班长。

8. 当学习委员询问你的作业进度时，你更倾向用以下哪种方式回答？

A.应该能够按时完成；

B.很顺利，已经完成了2/3；

C.目前完成了2/3，明天放学前全部完成。

9. 身为组长，当组员发生分歧时，你会怎么做？

A.不管不问，装作没看见；

B.批评团队成员；

C.找出原因，进行调解。

10. 在班集体的各项活动中，你的成绩都很优秀，但你所在的团队却成绩平平，这样的情况说明了什么？

A.评估方法不适当；

B.每个团队的成员都很优秀；

C.团队合作不协调。

积分规则：

选A得1分；选B得2分；选C得3分。

测试结果分析：

得10～17分，行动力较弱，有待提高：

你的行动力较差，因此影响学习成绩。在团队中，如果你想取得更好的成绩，并获得团队的认可，必须付出更大的努力，否则很容易拖团队的后退，遭到团队成员的不满。

得18～24分，行动力适中：

你的行动力尚可，然而对学习缺乏足够的热情，偶尔也会抱怨，这会很大程度上影响小组成员之间的关系。只要行事稍加注意，多点细心和耐性，增强个人的责任心，你的行动力会得到很大程度的提高。

得25～30分，行动力强：

你的行动力很强，无论学习还是生活中，你都能够投入很大的热情，你的积极性与责任心也在很大程度上影响着团队其他成员。继续保持，一定会实现你的目标。

哈佛魔法课 个人行动力提升指南

（1）自动自发

强烈的成功动机是提高行动力的前提，这就要求青少年在目标的指引下，自动自发地做事。给自己一个目标，比如你要考入哈佛大学，那么为此你需要付出很多，在强烈的目标驱使下，你会自动自发地学习更多知识，参加更多活动，以确保目标的达成。

（2）提高时间利用率

在有限的时间内，尽可能多做一些事。对时间使用进行统计分析，善于使用"零星"的时间。很多青少年不懂得利用时间，导致学习效率低下。提高时间利用率的方法很多，比如在等公交时、外出游玩时的空闲期等等，将这些零星的时间有效地利用，那么可以大大提高效率。

（3）强烈的求胜欲

欲望是一切行动的源泉，是人生必备的条件，也是支持人生的动力。欲望越强，情绪越高，意志越坚定，行动力越高。因此，青少年通过激发自身强烈的求胜欲望，可以很大程度上提高行动力。

（4）要实干，不要空想

目标一旦确定，就要立即行动。一个没被付诸行动的想法在你的脑子里停留得越久，付出行动的欲望越低。渐渐地，你的目标会越来越模糊，用不了多久便会遗忘。所以，培养行动力，一定要有实干精神，拒绝空想。

（5）给自己一个假想敌

为了提高行动力，可以为自己树立一个假想敌，一定是比自己更优秀的竞争对手。对手给你带来的压力，会激发你的斗志，在强大压力面前，你会付出更多行动，在这个过程中，行动力将得到提升。

（6）消灭拖延的恶习

拖延会使你的计划成为泡影，所以要想培养超强的行动力，就要消灭拖延的恶习。在平时的学习生活中，不要给自己找借口，一旦确立目标，就要立即展开行动。

（7）不必等到条件都成熟后再行动

现代社会竞争激烈，如何在与别人的竞争中取得先机呢？这就要求率先采取行动，抢占先机。对于青少年来说，没必要等到条件都完美了才开始行动，那样你很可能错失良机。

　　孩子们，无论你的想法有多么奇妙，计划有多么完美，都必须用行动去实现它。因此，只有将每一个想法付诸实践，才有成功的可能。那些哈佛大学的高材生们，正是敢于将脑子中的各种奇思妙想付诸实践，才有机会创造出属于自己的事业，甚至改变整个世界。他们深知行动的重要性，所以绝不会任凭脑海中迸发出的灵感轻易流失。

善抓时机：绝不错过每一次重大机遇

这个世界上聪明人很多，但成功者很少，这是为什么？很重要的一点就是后者更善于抓住机会，他们绝不会错过每一次重大机遇。对于青少年来说，由于年轻，他们有的是机会，这是优势；同时，由于年轻，缺乏经验，也会错失很多机会，这是劣势。想要最终成为亿万富豪，不仅需要付出努力，更要善抓时机，不放过每一次重大机遇，才可能收获每一次成功。

■ 在正确的时间做正确的事

《商务周刊》曾经在采访黑石集团创始人施瓦茨曼时问道："您能否总结一下黑石取得成功的最重要因素有哪些吗？"

施瓦茨曼回答说："我想有两点，一是我们聚集了一批这个行业最聪明的优秀人才，大家一起为一件共同的事业贡献各自的能力和智慧；二是我们在正确的时间做了正确的事。我们在PE这个行业方兴未艾时便参与进来，没有错过这个行业每一次大的机遇，也幸运地度过了那些难熬的时刻。"

在正确的时间做正确的事，也许你就是下一个亿万富豪！当年，比尔·盖茨正是发现了百年一遇的机会，果断从哈佛大学退学创业，才有了今日的微软帝国。那时，庞大的个人计算机市场已被拉动起来，需求极大，比尔·盖茨成功预测到未来对软件的需求，为此他喊出了"有一天我要让世界上所有个人计算机都用我的软件！"的豪言壮语！

正因为比尔·盖茨在正确的时间做了正确的事，仅仅十年时间，他就成为了世界首富，他的微软帝国也成为这个世界上最伟大的公司之一。智能网络分析数据提供商One Stat曾经公布了一份报告。报告上说，在全球桌面操作系统市场中，微软Windows的各个版本累加起来后的市场占有率高达96.97%。至此，比尔·盖茨当年的豪言壮语已经成为现实。

在正确的时间做正确的事，会达到事半功倍的效果，也许你不是最早成功的人，但一定有机会成为最大的赢家。Google不是第一个搜索引的，YouTube也不是第一个视频分享网站，Facebook不是第一家社交网站。然而结果呢？那些个"第一家"公司现在怎么样了呢？很少有人知道它们的名字，或者说根本不关心，人们只关心成功者。因为把握住时机，扎克伯格的Facebook成为全世界最大的社交网站；因为把握住时机，YouTube成为全世界最大的视频分享网站；由于把握住时机，Google成为全世界最大的搜索引擎。这些案例已经很好地证明了，只有在正确的时间做正确的事，才有可能成功。

■ 不要错过最好的时代

对于广大青少年来说，也许还不能真正理解机会的重要性，虽然人们一再强调要抓住每一次机会。但是年轻人，一定要清楚你目前所处的时代，这是一个最好的时代，充满了机会以及实现机会的一切条件，只要你足够出色，就有可能赢得属于自己的成功。

那些毕业于哈佛大学的超级富豪们，正是因为抓住了机会，在属于自己的时代中找到了一席之地。传媒帝王萨默·雷石东就是最好的例子。

20世纪30年代，电影的生产发展速度已经远远超越了放映的发展速度，雷石东看准了机会，大力发展自己的娱乐公司，并在此期间积累了5

亿美金的个人财富，并在1966年当选国家影院业主协会的主席。

1986年，雷石东再次面临巨大挑战——有线电视的崛起正严重地威胁影院行业。然而，雷石东果断看到这次危机中的机会，他认为对于一家传媒公司而言，内容永远是最重要的，因此收购了从事有线电视节目制作的维亚康母公司。

当时，雷石东的直觉告诉他，买下维亚康姆，也就买下了未来，所以他果断出手。在当时，这无异于一场豪赌，雷石东不仅要搭上全部身家，还要另外借贷几十亿美元，其中的风险是巨大的，要么成功，要么一蹶不振。

雷石东赌赢了，他的维亚康母公司也不辱使命，1987年后的数年间，维亚康母公司的规模与市值膨胀了将近10倍。雷石东的身价也从5亿美元涨到55亿美元。充满激情的雷石东并没有退休的打算，他很清楚自己所处的时代遍布机会，绝不会轻易错过。1993年，雷石东成为好莱坞最有名的电影公司派拉蒙电影公司的老板；1999年，他又以397亿美元的价格收购了哥伦比亚广播公司。

这是一个属于雷石东的时代，年过古稀的他还在继续奋斗，因为他绝不允许错过每一次机遇。

■ 寻找最好的时机

玩股票的人都知道，在最好的时机出手，往往会获得最大的利润。毕业于哈佛大学的zappos公司创始人谢家华，就是一个非常善于抓住时机的人，作为一名初出茅庐的年轻人，他曾经拒绝了雅虎公司创始人杨致远2000万美元的收购报价，这不是一般人能够做到的，因为他想在更好的时机卖掉"链接交换"公司。

在成立zappos（美捷步）公司之前，谢家华与另外两位合伙人创立的"链接交换"公司做得风生水起，从200万美金报价开始，直到2000万美金的报价，谢家华等人都予以拒绝，就是因为他们看到了公司的成长性，谢家华说："网络世界正在爆炸性地发展，像网景、易趣、亚马逊和雅虎这些公司，正在改变人类的历史。能在如此短的时间内出现这么多成功的公司是前所未有的，我们也有机会使自己的公司成为它们当中的一员，创造属于我们的时代。"

在谢家华看来，公司不是不可以卖，而是要选择一个最好的时机。当"链接交换"公司发展成一个将近200人的富有朝气的公司之后，过于迅猛的扩张也给公司带来了问题。这时，谢家华敏锐地捕捉到这种变化，他知道是时候卖掉公司另作打算了。

当时，雅虎、网景、微软三家公司都表示愿意参与下轮融资，而后两家公司更倾向于直接收购。谢家华决定出手了，因为他对这家公司不再留恋。1998年11月的一天，微软从竞标中胜出，以2.65亿美元收购"链接交换"。

至此，谢家华以最佳时机将公司出手，也为他赚取了最大的收益，从200万美元到2.65亿美元，相差了2.63亿美元。由此可见，寻找最好的时机是多么重要。

佛魔法 哈课 如何培养捕捉机会的能力

（1）眼光

所谓眼光，就是要看到别人看不到的机会，这就要求青少年注意观察生活，多看、多听、多想、多闻，随着你见的世面越多，积累的经验越多，也就越容易看到别人看不见的机会。生活是最好的老师，因此不要只知道读书，还要投身于实践之中，有助于形成独到的眼光。

（2）敏锐的洞察力

机会每天都有，而且就在我们身边，但是大部分人却终其一生也找寻不见，因为他们缺少敏锐的洞察力。在商场上，敏锐的洞察力就足以让你捕捉到商机，从而大赚一笔。所以，青少年绝不要死读书，应该多参加社会活动，在此过程中能够形成良好的洞察力。

（3）冒险

害怕冒险的人不仅会失去很多机会，还会错过精彩的人生。就像有的人不敢坐过山车一样，那么也就没有机会体验那种疯狂刺激的感觉。对于青少年来说，年轻就是资本，你们可以放手去冒险，即便失败了也无所谓，因为你们有的是时间。

（4）仔细分析

当你认为机会来临时，不要盲目行动，首先进行仔细的分析，确认这是一个机会之后再行动。否则，盲目的行动会给你带来很大损失。

（5）果断决策

仔细分析不意味着耽误时机，当你看准之后，一定要果断做出决策，犹豫不决的人很难抓住时机。青少年应该从小培养果断决策的习惯，在学习、生活中，遇事仔细分析，之后果断做出选择，渐渐地，这种习惯会成为你的能力，能够帮助你更好地捕捉时机。

———— 哈佛亿万富豪给青少年的成长箴言 ————

人的一生会遇到无数次机会，但传说能够改变命运的机会只有7次，我虽然不相信宿命，但也不妨与青少年朋友分享，以此提醒大家机会的重要。据说，在这7次可以改变命运的机会中，第一次和最后一次一般是无法把握的，当第一次机会出现时，因为太年轻而错过了；当最后一次机会出现时，又因为太老而没有意义。在剩下的5次机会中，大部分人还会错失2~3次机会，这时，能够改变命运的机会最多不会超过3次，如果届时仍然无法抓住机会，那么这辈子也只能如此了。

我想，这个传说应该没有科学依据，但是足以看出机会的重要性，对于亿万富豪来说，每错失一次机会，就意味着损失成百上千万美金；对于青少年来说，每错失一次机会，就意味着未来前途的改变。错失机会，这是哈佛人最不能接受的。

🏆 非同凡人的远见力成就商业帝国

你有没有想过，为什么那些毕业于哈佛大学的家伙身家数十亿、上百亿美元，而你却只能拿着几千块的工资，而且还是人民币？原因很简单，他们看得见未来。他们有超出常人的远见力，可以看到未来的发展趋势，当你还在赚今天的工资时，他们已经开始赚取未来的财富了。一个个足以改变世界的商业帝国的建立，靠的就是远见卓识，这也是他们成为超级富豪的原因。

■ 远见力——非同凡响的超前意识

远见力，也就是人们常说的眼光，这也是人生愿景的基础之一。做事有眼光的人总能占据主动，在生意场上，具有远见卓识的人往往更容易成功。那么，眼光有多么重要，比尔·盖茨在他的《未来时速》一书中讲过一个故事：

当年，他准备辍学创业时，曾经找过一位同学合伙，但这位同学却拒绝了，因为他想要念完哈佛之后再说。当然，这位同学的选择并不难理解，辍学创业本身就需要很大勇气，更不要说从哈佛大学辍学。然而，盖茨却相信自己的眼光，因为他看到了未来计算机市场巨大的商机。于是，盖茨顶住了来自家庭等各个方面的压力，毅然放弃学业，走上了个人创业之路。

比尔·盖茨最初的成功，很大原因是由于其超前的眼光，他曾说过："让每个人的桌子上都有一台电脑。"这也可以算作他的伟大理想。然而，地球人都知道，微软公司并不生产电脑，而是依靠电脑软件赚钱，所以盖茨的言下之意很清楚，每个人都有一台电脑，而每天电脑都需要微软的操作系统。

说起操作系统，比尔·盖茨是靠着DOS软件起家的，然而该软件并不是盖茨写的，而是从别人手里买来的，据说花了五万美元，在当时这可不是一个小数目，然而今天，当初那个卖掉该软件的人恐怕肠子都悔青了吧。

没办法，这就是商业眼光的厉害，那个失败者也没必要悔恨，谁让他没有远见呢！

拥有远见的人，具备非同凡响的超前意识，他们能够预测未来，从而成为整个世界的主人。

能够成为亿万富豪的人，一定有非同寻常的远见力，在各自的领域具有独到的眼光，绝非常人所能及。被称为华尔街之王的史蒂夫·施瓦茨曼，其眼光之独到和掌握时机之精准在华尔街都无人能及。

这个厉害的家伙到底是谁？

史蒂夫·施瓦茨曼，22岁毕业于耶鲁大学，之后又以极其优异的成绩考进全世界最负盛名的哈佛商学院，既实现了儿时的梦想，又成功镀金。毕业后，施瓦茨曼仅在一家小公司待了两个月，便成功跻身当时华尔街著名的投资银行雷曼兄弟。在这里，年仅31岁的施瓦茨曼便升任为公司合伙人，成为当时雷曼兄弟高管中最年轻的合伙人之一。2007年，施瓦茨曼被《财富》杂志评为全球25位最具影响力商界领袖之一。

施瓦次曼离开雷曼兄弟后，创建了全世界最大的私募股权基金——黑石集团，凭借其独到精准的投资眼光，黑石集团在建立22年时间内保持着30%以上的年平均增长率。正因此，施瓦茨曼成为黑石集团的精神领袖，并被盛赞为华尔街之王。

施瓦茨曼读到的眼光体现在哪里？2004年，黑石集团从德国私人资本手中买下了Celanese化学公司，之后立即在美国上市，当时以互联网为代表的新经济低迷，传统行业在股市开始受到青睐，所以，在不到半年的时间里，黑石集团转手之间就拿到了现金收益30亿美元外加公司股份。

以上个案数不胜数，皆出自施瓦茨曼之手，显示了其独到精准的眼光以及非同常人的远见力。据统计资料显示，黑石集团掌控着47家公司，在投资过程中，黑石集团赚得盆满钵满。根据2006年的报表显示，黑石集团收入高达850亿美元。

毕业于哈佛大学的美籍华人谢家华，同样因为具备独到的眼光而成功跻身亿万富豪的行列。谢家华本是一位普通的程序员，21岁时放弃读博的机会选择创业。2009年，由于一个收购案，这位亚裔企业家成为美国媒体竞相追逐的焦点人物。

1998年，年仅26岁的谢家华将自己创办仅有两年的"链接交换"公司以2.65亿美元的价格卖给微软，一举成为千万富翁。之后，谢家华成为一名天使投资人。

2009年，谢家华又将经营10年之久的Zappos（美捷步）以12亿美元的价格卖给了电商巨头亚马逊，这笔交易也成为亚马逊成立以来最大一笔收购。从此，35岁的谢家华一举成为亿万富翁。

谢家华以其独到的商业眼光，在35岁时便达到了大多数人一生都无法企及的高度，凭借的就是独到的眼光。

综上所述，远见力对于企业的成功非常重要，而独到的眼光同样是个人成功的关键。当一个人形成长期愿景之后，远见力是实现目标的最重要能力之一，这也是哈佛高材生超出常人的地方之一，他们能够预见未来，所以无论在任何领域，他们都能轻而易举地引领时代，问鼎财富之巅。

■ 因为，他们看得见未来

几十年前，比尔·盖茨看到了个人电脑的发展趋势，他预测未来每个人都离不开电脑，而每台电脑都离不开软件，所以他离开哈佛大学创办了微软公司；十年前，马克·扎克伯格"黑入了"哈佛大学的档案室，将同学们的照片调出来供大家取乐，他突然意识到不远的未来人们会很高兴将自己的照片放到网上，建立自己的人脉网络。因此，他也离开了哈佛大学，创办了Facebook，一举成为全球最年轻的亿万富豪；萨默·雷石东意识到未来的人们更注重享受生活，因此不断收购，成就了自己的传媒帝国……

他们都成功了，成为了超级富豪，原因很简单，他们看得见未来。

拥有哈佛法学院、哈佛商学院双学士的马文·鲍尔，开创了麦肯锡咨询公司，成为了现代管理咨询之父，成为了现代欧美企业经营哲学的领导者，CEO的精神导师。然而，在他所处的时代，管理咨询行业并不被接受，甚至只是一个不入流的概念。但是，马文·鲍尔却坚持了下来，他近乎狂热地相信，在不远的将来，那些首席执行官们对于高水准的咨询服务具有极大需求。事实证明，马文是对的，他成功预测到了未来的市场需求，并成立了麦肯锡咨询公司。

今天，麦肯锡在全球40多个国家有80多个分支机构，7000多名咨询顾问，年收入30多亿美元，而在当年，他所从事的事业甚至被当做了一个笑话。

马文·鲍尔是一位理想主义者，他执着地坚信未来对于企业咨询的市场需求，因此他将那些毕业于诸如哈佛大学、斯坦福大学等商学院的精英们汇集在一起，组建了全球最具影响力的管理智库，为世界顶级大公司提供咨询服务，全球最大的500家企业中有2/3都成为了麦肯锡的客户。

预见未来，你就拥有了梦寐以求的一切，远见力是一种天赋，更是一种能力，对于青少年来说，应该及早培养个人远见力，也许下一个预见未来的人就是你。

如何培养远见力

（1）丰富的知识积淀

有远见的人必定有丰富的知识积淀，不了解社会的发展趋势，不了解市场的运行规律是无法做出准确判断的，更不要说成功预测未来。所以，青少年更应该抓住机会，在学生时代尽可能多学一些知识，不要仅限于书本上的内容，这个世界有很多奇妙的事情等待你们去发掘、去学习。

（2）培养预见思维

结合目前所处的时代，预测未来的发展趋势，这就是一种预见思维。预见思维建立在各种可能性之上，并随着趋势的不断变化而逐渐调整。青少年可以在生活中刻意培养预见思维的能力，从小目标开始，预测几天之后的结果，几周之后的结果，几个月之后的结果，进而做出相应的判断与选择。

（3）天马行空的想象力

任何创新都是建立在想象力的基础之上，想要成功地预见未来，一定要敢于大胆想象，超越目前人类的认识局限。举例来说，多年前，有谁想过今天手机的样子？所以，培养天马行空的想象力，才能够更好地预见未来。

（4）深度思考

想要提升远见力，成功地预见未来，不仅要看得远，还需要深度思考，否则，即便你能成功预测，也会因为思考的不够深入而让整个计划夭折。

───── ❧ 哈佛亿万富豪给青少年的成长箴言 ❧ ─────

任何一个商业帝国的建立都非一朝一夕之间，都是建立在卓越领导者非同凡人的远见力之上，他们成功地预测到未来的发展趋势，生产出了相应的产品，从而成就了商业帝国。因为看得见未来，所以他们比一般人更成功。对于青少年来说，一样可以通过远见而改变命运，甚至改变世界。

哈佛亿万富豪的超级学习力

善于学习几乎成为每一位哈佛毕业生的标签，学习力更是那些毕业于哈佛大学的超级富豪们的最好标签。与暴发户不同，出自哈佛的大老板们对于学习能力非常看重，他们很清楚地认识到，这是一个飞速发展的时代，不能持续学习的人就会被淘汰，所以无论拥有多少财富，他们依然会继续学习。

■ 不断学习以达到想要的结果

毕业于哈佛大学的巴西首富豪尔赫·保罗·雷曼目前的资产净值高达179亿美元，他专门成立了Estudar基金会，为愿意前往诸如哈佛等大学深造的巴西年轻学子们提供奖学金。2011年，在该基金会组织的一场演讲中，平时很少在媒体抛头露面的雷曼一改往日行踪隐秘的作风，在演讲中透露了引导他在经济上实现成功的12条行为准则，其中第5条便是如何通过学习实现自己想要的结果：

"我曾制定出一个在哈佛大学选择新课程的方法。在报名参加任何课程之前，我会采访以前曾念过这门课程的学生以及曾教过这门课程的教授。我还发现，可以在学校图书馆里找到这门课程以前的考试试题。我很快就意识到，教授通常会重复他们的试卷问题。这个方法让我在报名参加任何课程之前，可以确切地知道自己将会从这门课程中学到哪些知识和技能。这个方法还帮助我改变了自己的学习状况——从学习成绩最差的一个学生变成一个学习成绩拔尖的学生，同时每学期能够选修六七门课程，而不是像同年级的大多数学生那样每学期只选修四门课程。我在年仅20岁时就毕业了，而且荣登系主任优秀学生名单。"

可见，雷曼是一位很善于寻找适合自己的学习方法的人，他懂得不断学习以达到自己想要的结果。无独有偶，Facebook创始人扎克伯格虽然给人一副玩世不恭的样子，但他也是一位善于学习的人。为了达到自己的目的，他非常善于向他人学习，除了自己的CEO桑德伯格之外，华盛顿邮报公司首席执行官兼董事长唐纳德·格拉汉姆也是他的导师，并聘请他在Facebook担任董事一职。

扎克伯格会把那些对自己公司有帮助的人邀请过来，学习他们的经验，因此他的身边总是聚集着一批非常有经验的副官。Facebook首席财务官大卫·埃博斯曼便是一个很好的例子：扎克伯格2009年从生物科技公司Genentech把他挖了过来，并表示埃博斯曼的经验"对Facebook至关重要"。

除此之外，扎克伯格更善于向那些前辈们学习，包括微软创始人比尔·盖茨、已故苹果公司掌门人史蒂夫·乔布斯以及网景创始人马克·安德森等人。

扎克伯格表面上看上去一副玩世不恭、傲慢无礼的样子，其实为了求教以达成自己的目的，他会表现出非常谦虚主动的一面。扎克伯格曾经找到一位风险资本家，不仅仅需要获得风险投资，更希望他能够将自己引荐给大名鼎鼎的比尔·盖茨。当然，最后扎克伯格是通过自己结识了盖茨，并经常从盖茨那里得到宝贵的建议。

在Facebook成立之初，扎克伯格还曾向乔布斯寻求建议。两人常常在下午一同散步，从而形成了很好的私人关系。在很多方面，扎克伯格都效仿乔布斯的做法，甚至从苹果的设计中获得灵感，并仿照Macworld的形式每年召开F8大会。在招聘时，扎克伯格也会像乔布斯那样边散步边对某些高管进行任命。

扎克伯格的一位好友曾经表示："他像海绵一样善于学习。他提问的频率远远超过一般人。他总是在不停地问为什么？为什么？为什么？他非常明白自己擅长于什么。"

不断学习以达到自己想要的结果，不仅是扎克伯格，而且是很多亿万富豪共同的特征，他们的学习力在这样的过程中得到不断加强。

■ 学习、赚钱都是兴趣

对于哈佛毕业生来说，学习、赚钱两不误，而且这两项做得都很出色，原因就在于这些都是他们最感兴趣的事。活到老学到老，这也是让他们一直处于财富巅峰的原因。

《商务周刊》记者在采访施瓦茨曼时问道："您今年60岁，依然动力十足，您是从何时开始喜欢上这个行业的？您有没有退休计划？"

施瓦茨曼回答说："这个问题（指退休计划）我妻子几乎每个星期都要问一次，虽然她现在问的少了，因为我真的喜欢并且享受我现在的工作，我还没打算退休。你知道，每个人工作都有不同的目标，从事我们这行的人更是有很多追求。当我开始工作时身无分文，其实我刚毕业的时候有1300美元，后来我把这些钱都花掉了，用来向我妻子求婚和订婚宴。我后来想为什么不存起来100块呢？而是傻乎乎的为你所爱的人都花光，身无分文，这就是我开始工作时的状态，听起来确实很傻。

"人们开始工作一般都是因为缺钱，你需要照顾家庭，还要出去旅行，所有这些都需要钱来支撑。当你开始工作后，你会发现一些事情变得难以想象，那就是你不能把应该做好的事做好。在一些天赋能胜任的工作上我们游刃有余，享受工作的快乐，有些则相反。对我来说，从事金融业是很神奇很美妙的事，是一所要用一生来学习的大学。我对金融这件事了解很多，但现在我来到中国，也一直在学习中国人怎么做生意。在印度，我也会这么做，到欧洲也如此。不管到哪里，我都从当地的人们那里学习。世界上每个人都有不同的成功之道，有很多让人难以置信的实实在在的真理……"

因为感兴趣，所以才能长久，这些毕业于哈佛大学的超级富豪们本身就拥有很强的学习能力，并且对于学习乐此不疲，当他们将这种天赋运用到赚钱上，那么收获财富成了轻而易举的事。

哈佛大学毕业的谢家华从小就对赚钱感兴趣，天资聪颖的他还是一个孩子的时候有许多奇妙的想法，然而想要实现这些想法需要足够多的钱，正是从那时开始，他就有了创业赚大钱的愿望。

9岁时，谢家华产生了平生第一个伟大梦想——成为世界上最大的蚯蚓经销商，小家伙想要通过蚯蚓来赚钱，然而第一次创业计划很快便夭折了。此后，谢家华还想出了很多赚钱的点子，他将兴趣与赚钱相结合，玩得不亦乐乎。有一阵子，他迷上了旧货生意。不仅卖光了自家的旧货，还说服朋友把家里的旧货拿出来卖。为了促销，每卖出一件旧货，还会送一杯自制的柠檬水，这一次还真赚了点小钱。

上了初中，他开始送报赚钱，但很快发现这项工作既枯燥乏味又不赚钱，转而办起了自己的报纸，第一期卖报收入竟然超过了20美元，他甚至为此去拉广告。

类似这样的点子，谢家华每隔一段时间就会想出一个，并乐此不疲，非常享受这个既能学习又能赚钱的过程，这也为他今后的创业奠定了良好的基础。

■ 学习意愿测试

你有强烈的学习意愿吗？如果你自己都不清楚，那么不妨完成下面的小测试，也许能够从中找到答案。

题目：假如你的班主任告诉你某科成绩不行，你会：

A.加紧努力，试图短时间内提高这门功课的学习成绩；

B.从此失去信心并产生逆反情绪，甚至放弃这门功课；

C.不相信班主任的话，认为自己的成绩还可以；

D.征询班主任或该科目老师的意见，立即作出改进。

测试结果：

选择A：你有不错的学习意愿，只是需要他人的鼓励，尤其是权威人物的认可。一旦感受到老师、父母或是同学带来的压力，就会迸发出强烈的学习意愿。你很看重自己的学习成绩，一旦某科成绩出现下滑，你就会加紧努力，因为不愿被老师和父母批评，害怕被同学嘲笑。

选择B：你的学习意愿较差，而且很容易受到情绪影响。当受到鼓励，心情好时，你会主动学习；当受到批评，心情差时，便会自暴自弃，甚至想要放弃。可以看出，你是一位缺乏自信的人，学习主动性较差。

选择C：学习意愿适中，不太容易受他人影响，你对自己的学习能力和成绩很有信心，即使你的成绩出现下滑，也不会慌乱，因为你知道这只是暂时的。可以看出，你是一位很有主见的人，不会因为老师的批评而做出改变。

选择D：你的学习意愿强烈，并且十分在意自己的学习成绩，一旦出现下滑，便会立即做出改变。你会主动向老师征询改进意见，足以看出你对学习的积极态度，也因此很受老师的爱戴。

佛魔法哈课 超级学习力养成训练

（1）创设各种情境，激发学习兴趣

学习兴趣不是与生俱来的，即便是那些考入哈佛大学的高材生们，他们不是因为考入哈佛大学才产生的学习兴趣，而是因为学习兴趣才进入的哈佛大学。因此，在平时的生活中，有意为自己创设各种情境，比如像谢家华那样，将各种爱好与赚钱相结合，通过实践激发兴趣。可以将学习与

电视问答相结合，通过参与问答类节目激发自己的求知欲，这些都是非常不错的情境训练方式。

（2）利用成功带来的喜悦感激发学习兴趣

成功具有一种内在的情绪力量，一旦青少年在学习过程中感受到成功所带来的愉悦感，便会产生进一步学习的愿望，有助于养成学习兴趣。

（3）调整心理状态

对于不喜欢的科目，要学会调整心理状态，可以适当降低期望值，如果期望值过高，那么一旦没有达成预期的目标，会带来很大的心理落差，从而影响学习兴趣。反之，降低期望值，及时调整心理状态，则有助于保持学习兴趣。

（4）目标遵循从易到难的过程

设定学习目标时，遵循从易到难的过程，每次突破一个小目标后，便会激发学习兴趣与意愿，从而向更高的目标努力。在此过程中，学习能力会得到有效提升。

（5）发扬质疑精神

爱因斯坦说过："提出一个问题比解决一个问题更重要。"青少年一定要养成多问的习惯，对于不懂的、有疑问的就要大胆提问，不要盲目相信权威。在质疑的过程中，学习力也会得到相应的提高。

（6）劳逸结合

长时间的做一件事情都会感到疲乏，即使兴趣再高也会降低效率。所以，为了保持清醒敏捷的思维，就要学会劳逸结合，学累了就休息一会，玩一会儿再学，这也是哈佛学子们最喜欢的方法。劳逸结合并不是浪费时间，反而能够更好地提高学习效率。

（7）提高听课的效率

提高听课效率最好的方法就是课前预习，对于当天要讲的内容预览一遍，做到心中有数，听起课来就比较有针对性。

（8）课后复习

课后复习有助于更好地记忆，巩固当天所学的内容，有效提高学习效率。

（9）保证旺盛的精力

每天保证充足的睡眠，坚持体育锻炼，营养均衡，能够保证充沛的体能与旺盛的精力，这样才能更好地投入学习生活之中，学习力才能得到保证。

———————— ∽ **哈佛亿万富豪给青少年的成长箴言** ∾ ————————

学习力是一个非常重要的概念，也是很重要的一项技能，在今天这个信息飞速发展的时代，没有持续的学习能力，势必将被快速淘汰。那些毕业于哈佛大学的超级富豪们对此十分清楚，他们很早的时候就非常注重培养自己的学习能力，并将此作为一种习惯，以确保能够跟上时代的脚步。立志于成才的青少年，一定要从小培养自己的学习力，这是未来社会所需要的基础能力，将会使你受益终身。

🏆 化险为夷的危机处理能力

应对危机的能力是很多大公司非常重视的一项技能，因为拥有这项技能的人才，不仅可以在危机来临时化险为夷，还能够帮助公司避免巨额亏损。对于青少年来说，提前培养危机处理能力，不仅是为将来的工作打基础，也能够提高生活中解决问题的能力。

■ 拥有狼一样的危机意识

无论任何时间、任何地点，狼都会保持着一种饥饿感，只要见到猎物，都会第一时间发起攻击，这样才能确保自己不会挨饿。而那些能够在人才济济的哈佛大学脱颖而出，并最终在各自所在的领域证明自己的超级富豪们，一定有着非常敏锐的危机意识，这也是他们长盛不衰的原因。

若干年前，哈佛大学的毕业生们只要坐在学校里，就会有世界500强的公司过来招聘，但是随着经济形势与就业形势的持续恶化，哈佛毕业生也不再是人人争抢的香饽饽了，然而他们的危机意识确保自己远离失业的窘境。

拥有狼一样的危机意识，是每一位哈佛学子所具备的卓越能力，他们因此成功避免了一次次危机。在2008年开始于美国的金融危机中，只有摩根大通成为这次金融危机中唯一能够盈利的大型金融机构。2009年7月的财报显示，摩根大通连续第20个季度盈利，利润高达27亿美元，而它的掌门人正是杰米·戴蒙。

摩根大通CEO杰米·戴蒙很早便意识到这次危机的严重性，因此在给股东的年信中，他没有像以往那样大肆宣传公司的业绩，而是用了整整28页的篇幅来说明这场金融危机是如何开始的，而摩根大通将会如何应对这场灾难。

杰米·戴蒙的危机意识不仅帮助摩根大通远离了这场金融风暴的侵袭，还让摩根大通连续第20个季度实现盈利，这是多么伟大的成绩啊。由此可见，危机意识是多么重要。

狼行天下，时时刻刻都担心饿肚子，生存危机让它们保持着很高的危机感。狼在生物链中处于顶端的位置，貌似人类才是它们的最大天敌，然而为什么还要保持如此高度的危机意识呢？

原因一点也不难理解，看看那些毕业哈佛大学的高材生们，看看当今世界的超级富豪们，为什么这些人拥有几辈子都花不完的钱，还会时刻保持着高度的危机意识？他们已经是这个星球上最顶级的精英与富豪了，无出其右，为何还会有所担忧？因为他们清楚，社会发展速度是飞速的，变化无时无刻不在，有变化就意味着有危机，任何一点疏忽都会导致巨大的、不可挽回的损失，这是他们所不能接受的。因此，这些全世界最成功的人仍然保持着很强的危机意识，就像狼群一样，虽然鲜有敌手，依然保持着危机感。

■ 超强的危机处理能力

并不是每个人都知道在危机来临时该如何处理，这是一项很重要的能力，只有那些真正的精英们才拥有这样的能力。青少年应该从很小的时候就有意识地培养这项技能，在未来的工作中一定会起到重要作用。让我们看看那些毕业于哈佛大学的富豪们是怎么来应对危机的吧：

2000年，谢家华创办的美捷步遭遇了非常严重的资金困境，为此，谢家华曾多次试图引来风险投资，但结果都是被婉拒。这时，他们又想到成立一支新的基金用来募集资本，结果受到互联网泡沫破裂的恶劣影响，他们一分钱都没有募集到。

谢家华的计划完全被打乱了，陷入了史无前例的危机当中。这时，他从小养成的危机处理能力起到了关键作用，他并没有慌乱，而是决定孤注一掷，力图挽救美捷步。接下来的几个月，谢家华的资金捉襟见肘，不得不自掏腰包以解燃眉之急。不过，他很清楚，这并非长远之计，必须尽快扭转亏损势头。

谢家华从开源节流做起，带头降薪，年薪只有24美元。当然，这样大幅降薪的结果导致很多人才的流失。其次，谢家华大幅削减市场开发费用，将有限的精力和财力用于维护已有客户，也就是常说的拉回头客。最后，想办法提升公司的业绩。这一系列步骤下来，谢家华粗略计算大概需要200万美元，他甚至已经做好了变卖房产的准备。

所幸，谢家华的一系列拯救错失起到了作用，2000年结束时，美捷步销售总额增长3倍以上，达160万美元。虽然仍然没能走出资金阴影，却给公司带来了极大缓解。随着2003年6月一笔600万美元的贷款到账，谢家华的美捷步公司终于度过了此次危机。

凭借超强的危机处理能力，谢家华挽救了自己的公司，这样的案例数不胜数，最终成功的人都有一个共同特点，那就是很强的危机处理能力。

这是一个机会与危机并存的时代，每当你在庆幸自己因为抓住机会而成功时，危机已经悄然而至，如果你意识不到，如果你没有化解危机的能力，那么你还是会回到原点。因此，培养危机处理能力一定要趁早，青少年在生活中有很多机会，每当遇到问题时不要躲避，而是积极主动地去解决问题，这样就会渐渐养成不错的危机处理能力。

佛魔法哈课 如何培养危机处理能力

（1）丰富的人生阅历

这一点对于青少年来说并不容易，年纪小，参加社会实践的机会少，人生阅历有限。我们知道，在缺少经验的时候，如果遇到突发状况，很难做出准确判断。因此，青少年要利用平时不多的机会有意识地提升个人阅历，除了学习之外，还要多经历一些事，总结其中的经验，有助于提高危机处理能力。

（2）敏锐的危机意识

敏锐的危机意识是建立在丰富的人生经验之上的，一旦拥有了足够的人生阅历，就可以预见他人无法察觉的危机，从而将危机扼杀于萌芽状态。

（3）多参加富有挑战性的社会实践活动

进入社会之后，你就会遇到很多问题，其难度远远超乎你的想象，然而这些问题并非无法解决，解决问题的过程对于青少年来说非常重要，能够有效提高危机处理能力。

（4）多交朋友，扩大交往范围

人际交往越广，遇到的人和事也就越多，随机应变的能力自然会相应提高。在与人交往的过程中不可能总是一帆风顺，会遇到各种各样的问题，这也是培养危机处理能力的过程，所以青少年应该有意识地扩大人际交往范围，多交朋友。

（5）当机立断，第一时间作出反应

当危机发生时，要求能够果断做出反应，绝不能犹豫不决，否则只会带来更大的损失。当机立断是一项很重要的能力，尤其表现在工作当中，所以青少年一定要尽早培养这种能力，遇事果断抉择，能够有效提升危机处理能力。

──────── ❧ 哈佛亿万富豪给青少年的成长箴言 ❧ ────────

危机处理能力是现代职场最重要的能力之一，尤其作为管理人员，时刻面临着各种危机，具备一定的危机处理能力，才能在工作中做到游刃有

余。毕业于哈佛大学的精英们很早就认识到这项能力的重要性，在平时的学习生活中有意识地提高自己的危机处理能力，所以在他们走上工作岗位之后，表现出了超出他人一筹的危机应对能力，也为自己赢得了更好的职位和薪水。

对于青少年来说，平时遇到危机的情况并不多，这就需要多参加社会实践，比如利用寒暑假打工，利用周末参加各种社会活动，在这个过程中一定会遇到困难，而解决困难的过程就是一个提高危机处理能力的过程，相信一定会让青少年受益匪浅。

如果愿意，他们能说服整个世界

说服力是一项伟大的才能，放眼世界，那些伟大的政治家、超级富豪、领导者，哪一个不具备口若悬河的说服力。从哈佛大学一共走出了8位美国总统，60多位超级富豪，哪一个没有绝世口才？年轻人，想要征服世界，先要让全世界的人们相信你，这就需要具备强大的说服力，所以必须从小培养良好的口才能力。

■ 赢在说服力

人们惊叹于哈佛学子高智商的同时，也为他们的各种能力感到咋舌，学习力、远见力、说服力、危机意识等等，似乎他们与生俱来就是全才。其中，说服力是他们比较看重的能力之一，因为他们很清楚，成为领导者必须具备极强的说服能力，才能赢得属于自己的成功。

这是一个竞争空前惨烈的时代，不同于以往任何一个时代，以武力或者其他方法解决问题，而是依靠说服别人赢得胜利。今天，你可以凭借伶牙俐齿去说服别人，让他们信服你，为你所用。

如果你想成为行业领袖或是公司的领导者，如果你希望能够轻松聚集一群人跟着你干，离不开超强的说服力。那些从哈佛大学走出的超级富豪们，深知说服力的重要性。

《商务周刊》曾经就如何吸引人才的问题采访了黑石集团创始人施瓦

茨曼，施瓦茨曼是这样回答的：

"说服一个人加入到你的团队就像与人约会一样漫长。要说服她跟你约会，首先你要约她，然后是发挥你最大的魅力去吸引她，你要想为什么是你能约到她而不是别人，你要列出你的优点。拿黑石来说，我们对员工有很好的职业规划，我们能为员工的个人发展提供机会，我们爱惜人才，等等。告诉他们这些之后，我想你就可以放心地穿上外套约她走了。这就是黑石对吸纳人才的理解。就留住人才这个问题来说，我在耶鲁大学的企业课程里学到，整个世界的职业流动性会越来越大，很多员工工作没几年就会离开。但是黑石还没发生过类似的事，我想可能是我们提供的薪水太多了吧，我们确实没有人才流失的问题。我觉得没有比能让一个人得到充分发展更让人兴奋的事了，除了付给高额的薪水外，黑石能让员工的才能和天赋得到充分发挥，让他们体会到在黑石工作是件多么令人激动的事，他们自然就不会离开了。"

说服力是一门艺术，施瓦茨曼将这门艺术演绎到了极致，他不仅善于说服人才加入黑石集团，更善于说服合作伙伴。当年，收购飞思卡尔半导体公司可以说是施瓦茨曼说服力的又一次完美演绎。飞思卡尔半导体公司曾经隶属于摩托罗拉的芯片生产商，摩托罗拉曾经在分拆其芯片业务时将一部分股权出售给了KKR。当黑石集团想要收购飞思卡尔时，KKR却在暗地里处处下绊，毕竟同行是冤家嘛。为了顺利收购，施瓦茨曼亲自出马，再次让人们见识了他的说服力，他曾无数次敲开KKR总裁亨利·克拉维斯办公室的大门，并在友善宽松的交谈中说服了亨利，使得黑石集团最终以176亿美元的合理价位收购了飞思卡尔。

再来看一个例子，黑石集团收购德国电信战略股权过程中，施瓦茨曼的说服力同样发挥了重要作用。在德国，一些比较保守的政客将黑石集团比作一只收购和剥离本国国家资产的"蝗虫"，想方设法阻止其进入德国，这也让施瓦茨曼非常烦恼。

在施瓦茨曼看来，收购德国电信部分股权是一次非常难得的机会，于是他不厌其烦地飞往德国，向当地政商两界的相关人物反复游说，最终成功地以26.8亿欧元的价格拿到德国电信4.5%的股权。

施瓦茨曼赢在了说服力，不仅拥有一流的投资眼光，同样拥有超一流的说服力，不愧为"华尔街之王"。

■ 说服世界的游说力

如今的世界顶级富豪们多是以领袖的姿态出现在世人面前，他们通过演讲让众人信服，既能传授自己的理念，又能为自己带来切实的好处，可谓一举两得。已故苹果公司创始人史蒂夫·乔布斯就是这样一位杰出的演讲家，他非常善于游说他人以达成自己的目的。当年，乔布斯意识到在不远的将来，个人电脑将会走进千家万户，这一领域具有很大的市场潜力。可是，乔布斯苦于没有雄厚的资金，便凭借高超的游说能力说服一部分顾客先付钱定购电脑，之后利用这笔钱购置设备；乔布斯继续游说供应商，让他们免费提供生产个人电脑所需的原材料，等到产品售出之后再付款。

后来的故事大家都很清楚了，第一台苹果电脑诞生了，乔布斯也迅速扩大了公司规模，并最终凭借一部iPhone手机改变了世界。

时至今日，虽然乔布斯已经过世，但他在很多苹果迷的心里仍然具有神一样的位置，他的演讲令人激情澎湃，令全世界无数苹果迷疯狂崇拜与追随，这就是语言的力量，这就是其游说能力的体现。

游说能力成为超级富豪们的一项秘密武器，无论是性格外露的实业家，还是性格内敛的科技精英，一旦当他们需要的时候，都会发挥说服他人的才能，以达成自己的目的。

美国历史上薪酬最高的女高管、Facebook首席运营官桑德伯格，同样是一位具有超强说服力的商界领袖，这位美国最有权势的亿万女富豪的野心不仅限于Facebook，而是全球女性。在她看来，女人没必要依靠男人生活，要有属于自己的事业，为此她在演讲中不断呼吁全球女性"时刻都要努力拼搏"，并为自己树立远大的志向。

为了宣传自己的理念，桑德伯格在世界各地进行游说，向女性群体发表演说，在她的努力下，很多女性投入到科技领域、甚至直接来到了Facebook公司。

在Facebook公司，人力资源部门主管萝莉里·戈尔和移动营销部门主管凯蒂·米蒂奇就是受到桑德伯格演讲的吸引加入了公司，桑德伯格的说服力由此可见一斑。

■ 个人说服力测试

在学习和生活中，你是否为自己无法说服他人而感到苦恼呢？你是否经常怀疑自己的说服力差呢？下面的小测试将会告诉你答案：

1. 在说服别人时，你是否经常使用第二人称代替第一人称？

A.从来不； B.偶尔；C.经常；D.总是。

2. 你是否能够以更具说服力的语言取代老套的问候？

A.从来不； B.偶尔；C.经常；D.总是。

3. 在与他人谈话过程中，你能否少说那些口头禅，例如"我觉得吧"、"你知道吧？"、"你听懂我的话吧？"

A.从来不； B.偶尔；C.经常；D.总是。

4. 在谈话时，你能否避免使用命令或质问的口吻，诸如"我让你……"、"你必须……"、"你行不行啊！"

A.从来不； B.偶尔；C.经常；D.总是。

5. 说服他人的过程中，你是否能避免使用无意义的句子，例如："天气真好啊"、"最近怎么样？"、"吃饭了吗？"

A.从来不； B.偶尔；C.经常；D.总是。

6. 你是否能避免在争论中破坏双方的关系？

A.从来不； B.偶尔；C.经常；D.总是。

7. 你是否在完全领会对方的意思之后再做回答？

A.从来不； B.偶尔；C.经常；D.总是。

8. 你在说服他人的过程中，你是否能够避免过多谈论自己知道的事？

A.从来不；　B.偶尔；　C.经常；　D.总是。

9.　说服别人的过程中，你能否保持足够的耐心？

A.从来不；　B.偶尔；　C.经常；　D.总是。

10.　你能否避免与那些非常热情的人过多交谈？

A.从来不；　B.偶尔；　C.经常；　D.总是。

计分标准：

从来不：0分；　偶尔：1分；　经常：2分；　总是：3分。

参考答案：

0～15分：你的说服力较差，如果想提升这方面的能力，必须彻底改变与他人的交流方式；

16～23分：你的说服力一般，在说服别人的过程中，需要注意语言的运用，多用带有感染力的语言；

23分以上：你的说服力不错，无论学习还是生活中，你都能成功说服别人，这是一项很重要的能力，一定要继续保持下去。

佛魔法哈课 如何培养超级说服力

（1）不紧张，不结巴，口齿清晰

很多孩子与人交谈时就会出现紧张、结巴、口齿不清的情况，这样的语言表达能力恐怕很难说服任何人，不被嘲笑就不错了。所以，想要说服他人，先要锻炼口才、培养自信，千万不要陷入紧张情绪之中。

（2）开口之前理清思路

要想说服别人，自己先要理清思路，比如你想要管邻居借一辆自行车，你可以先告诉他你的车没气了（借车原因），而你恰好需要去菜市场买菜（借车目的），三言两语说清楚你的动机，借到自行车的可能性更大。相反，如果你支支吾吾说不出借车的原因，很可能被邻居拒绝。所以，在你说服他人之前，先理清思路，既节省彼此的时间，也能够提高效率。

（3）说服他人之前先说服自己

如果你在某件事或某个观点上想要说服他人，那么一定要先说服自己，如果连你自己都不信，也就没有必要去说服别人了。

（4）言辞准确

在说服别人的过程中，要做到言辞准确，这样会让你说出来的话更具说服力，更容易赢得对方的信任。

（5）用事实提问

在说服对方的过程中，提出一些双方都知道、认可的事实，在这些问题上，对方只能给出肯定答案，这是一个增强双方认同感的心理过程，能够起到很好的说服效果。

（6）强调关键点

在说服过程中，对于关键问题一定要反复强调，有助于加深对方的印象，有必要的话可以多次重复，前提是不让对方感到反感。

（7）以情服人

晓之以理，动之以情，这是说服他人时的一项重要方法，而且会收到不错的效果。很多时候，人们更愿意接受真情的流露，而讨厌过于繁华的辞藻修饰。

（8）事先调查

如果想要就某件事说服别人，一定要做好调查工作，了解清楚事情的来龙去脉，才能做到言之有物。

（9）从始至终保持自信

说服他人，首先要相信自己，言谈举止间流露出的自信态度也是给对方一种暗示，告诉对方你是对的。

（10）暗示对方的好处

没有人喜欢被人说服，除非是对自己有益的事情，所以在说服他人的过程中，要学会暗示对方，告诉他将会得到怎样的益处。

　　能够成功说服他人是一项很重要的技能，也许大部分青少年并没有意识到它的作用，但随着年龄的增长、责任的增加会越来越清楚。放眼世界，那些超级富豪们哪一个不具备超强的说服力？那些哈佛大学的学生们，每一个似乎都能站在讲台上滔滔不绝地大谈自己的理想，并且赢得人们的尊重与认可，凭借的正是说服他人的能力。所以，青少年应该尽早培养这项能力，因为它对于今后的发展十分重要。

第五章

哈佛富豪高情商的具体表现

🏆 了解自己：未来，我将成为怎样的人

丹尼尔·戈尔曼在《情商》一书中写道："了解自我：监视情绪时时刻刻的变化，能够察觉某种情绪的出现，观察和审视自己的内心世界体验，它是情感智商的核心，只有认识自己，才能成为自己生活的主宰。"

在丹尼尔·戈尔曼看来，了解自我是情商的重要组成部分，这一点已经得到人们的广泛认同，尤其是那些毕业于哈佛大学的超级富豪们，他们在迈向成功之前，无不对自己有一个清晰的自我认识，从而主攻自己的优势项目。

■ 这个世界上没有人更了解你

苏格拉底说："认识自己，方能认识人生。"

如果你依然对自己的未来感到迷茫，如果你还不知道自己想要的是什么，未来想成为什么样的人，那么我可以告诉你，到目前为止，你的人生是失败的。

任何一位从哈佛大学走出来的学生都不是高智商、低情商的人，因为哈佛大学看重的不止是学习成绩，百年哈佛的宗旨是培养一个各方面都出色的人才，是为了让每一名学员都找到人生的意义与方向。因此，我们看到了比尔·盖茨、史蒂夫·鲍尔默、马克·扎克伯格……这些超级富豪们的成功并不是靠运气，离不开他们过人的情商，而上述我们提到的这三

位，虽然都是哈佛大学的辍学生，但却很好地证明了他们更早地认清了自己，并且毫不犹豫地选择辍学创业。

认清自我是高情商的表现，在这个世界上，没有人更了解你。在古希腊帕尔索山上的一块石碑上，刻着这样一句箴言："你要认识你自己。"卢梭曾经这样评论此碑铭："你要认识自己，比伦理学家们的一切巨著都更为重要，更为深奥。"显然，认识自己是多么重要，而哈佛大学的高材生们早就认清了这一点。

比尔·盖茨、扎克伯格这些科技天才，他们清楚地认识到自己的优势，从而找到了适合自己的发展方向。然而，并非每个人都具有这样的高情商，很多人活了一辈子都没能真正地了解自我。他们失败了，因为找不到方向，看不清自我，不知道自己该做什么，想成为什么样的人，结果忽视了自身的优势，反而在劣势项目上投入大量的时间和精力，最终一事无成。

认识自我是情商的首要因素，也是最为困难的一件事，很多人终其一生也无法做到，而那些哈佛大学的高材生们却能够看清自我，他们是怎样做的呢？

哈佛学子经常问自己的三个问题：

问题一：我是谁？想成为什么样的人？

能够考上哈佛大学的人绝非凡夫俗子，他们一定有着明确的目标，并且清楚地了解自己，对什么感兴趣，自身的优势与劣势，以及性格、心理、情绪等等，综合考量一切因素之后，他们会得出"我是谁"的答案，并且明确自己未来想成为什么样的人。

问题二：我想做什么？能做什么？

假设你未来想成为下一个比尔·盖茨，下一个扎克伯格，那么就要清楚自己到底想做什么，在此之前更为重要的是了解自己能做什么。比如你想从事软件开发，但你却对编程一窍不通，那么你的努力也是白费。因此，你一定要清楚自己能做什么，再结合自己的职业理想，找到最适合自己的工作。

问题三：怎样做才能以最快的速度获得成功？

这是一个讲究效率的时代，哈佛大学的才子们比谁都清楚，这也是为什么像比尔·盖茨、扎克伯格这样的人选择辍学创业的原因。成功要趁早，所以找到最快速的成功途径非常重要，这也是所谓的捷径，而智商与情商都非常高的哈佛天才们绝不会错过这样的机会。

在通往成功的过程中，选对了线路，就能够节省时间与精力，也就是人们常说的职业选择。以金融业为例，这也是哈佛商学院的学生最喜爱的职业，没有之一。为什么？因为该行业的平均薪资位于众行业之首，哈佛精英们不会放着华尔街不去，而选择去做服务行业。

那么，为了早日达到终点，他们会怎么做呢？举个例子，如果你想去往某地，可以选择步行、骑车、开车、坐火车、乘飞机……在这几种常见的交通方式中，显然乘飞机是最快的。道理很清楚了，那些哈佛精英们一定会找到最快速、最便捷的成功方式，也因此他们总是先他人一步成功。

■ 将时间和精力集中在优势上

毕业于哈佛大学的巴西富豪豪尔赫·保罗·雷曼曾经讲过了解自我的重要性，他说："致力于你自己做得最好的事情，把精力集中在发挥你自己的主要优势上。你每天是否有机会做自己做得最好的事情呢？不要白白浪费你自己的天赋。我们每个人都具有诸多个人特质和能力的一个独特组合。不要在增进你自己的弱点或寻找捷径方面花费更多的时间。相反，把时间花在开发你自己的优势上。不要试图成为事事都在行、人人都满意的人。实现卓越成就的唯一途径就是把自己的绝大部分时间用在自己做得最好的事情上。"

美国盖洛普咨询公司名誉董事长唐纳德·克利夫顿说过："在成功心理学看来，判断一个人是不是成功，最主要的是看他是否最大限度地发挥了自己的优势。我们通过研究发现，人类有400多种优势。这些优势本身的数量并不重要，最重要的是你应该知道自己的优势是什么，之后要做的则是将你的生活、工作和事业发展都建立在你的优势之上，这样你就会成功。"

认识自己，找到自身的优势所在，是一个人高情商的表现。现实生活中，很多人都在想尽一切办法弥补自身的缺点与不足，然而美国盖洛普公司经过大量的科学研究，提出了颠覆传统认知的优势理论。指出一个人之所以能成功不是弥补自己的缺点和缺陷，而是要发挥自己的优势。这也是哈佛学子广泛采用的方法，他们将时间和精力更多地集中在优势方面，而不是向其他人那样选择尽可能弥补缺点与不足，即便被人嘲笑，也毫不在乎。因为他们很清楚，笑到最后的人才是赢家。

盖洛普公司提出的优势理论是什么意思呢？简单来说，就是要让你的长板更长，而不是用传统思维去弥补你的短板。对于什么是自己的优势，如何发现自己的优势？盖洛普公司也给出了一个非常简单易行的办法：每天问自己"在工作中，是否有机会做自己最擅长的事？"如果这个回答是肯定的，那基本说明在发挥自己的优势，否则就成了为生存而工作，毫无乐趣可言。

将时间和精力放在自己的优势上，这是得到哈佛学子们普遍认同的观点，即便在他们走上社会，参加工作之后，仍然牢记这一点。纽约市长迈克尔·布隆伯格在1966年成功获得哈佛大学工商管理硕士学位，在他进入社会开始创业之后，仍然不忘在哈佛大学学到的知识，那就是主攻优势项目。为此，他进行了非常冷静的自我分析，找出自身优势所在。他认为全球经济正处在一个关键的转型时期，在很多国家，人们对于资讯的及时性和准确性的需求越来越强烈，于是他创立了一家用新技术为金融机构提供资讯服务的公司，命名为：创新市场系统公司，这也是布隆伯格集团公司的前身。虽然前期的创业非常艰辛，但由于布隆伯格的定位准确，充分发挥了自身优势，最终他赢得了成功。

哈佛大学就像一个天才的聚集地，里面各类人才都有，以哈佛商学院为例，学生们都是一群最会赚钱的人，因此他们将主要的精力与时间放在了如何赚钱上面，这就是他们毕业之后顺利进入华尔街的原因。所以，对于青少年来说，尽早认清自己，找到优势，在你所擅长的事情上投入更多的时间与精力，而不要花心思弥补缺点与不足，也许能够获得更好的效果。

佛魔法哈课 如何更好地认识自己

（1）过去的你、现在的你、未来的你

分别从三个不同时期分析比对自己，例如过去的自己在某些方面做得不好，现在的自己在某些方面有优势，未来的自己想成为怎样的人。之后，做出客观的自我评价。

（2）分析别人对自己的评价

收集与你关系最为密切的人对你的评价，可以是父母、同学、老师，他们的看法对于了解自己有一定作用，但要清楚，别人的意见只能作为参考，没有人比你更了解自己。

（3）分析自己的优势与劣势

在学习生活的过程中，找出自己的优势与劣势，并与个人兴趣相结合，仔细思考后做出选择，是将主要精力用在发挥优势上，还是花时间去弥补劣势。

（4）结合以往成功与失败的经验分析自我

成功和失败的经验有助于青少年找出性格或能力上的优缺点，以此总结经验教训，更容易认识自我。

（5）从感兴趣和厌恶的事情中认识自己

你对什么事情感兴趣，感兴趣的程度如何，是否愿意将兴趣发展为职业？……同理，你对什么事情感到厌恶？……仔细分析，你会找到适合自己的发展方向。

认识自己是一个人情商高低的表现，如果连"我是谁"都不清楚，更不要奢望今后的成功了。如果当你进入工作岗位之后再去设法认识自己，很可能已经晚了，早已被别人拉开了差距，所以青少年应该尽早了解自己，思考自己未来的方向。

"我是谁？"、"我的优势何在？"、"我想成为什么样的人？"……这些问题可以帮助你们看清自己，找到适合自己的人生目标。

🏆 自我管理：
任何时候，都让自己处于愉悦的状态

丹尼尔·戈尔曼在《情商》一书中写道："自我管理：调控自己的情绪，使之适时适度地表现出来，即能调控自己。"

善于自我管理的人，任何时候都能让自己处于愉悦的状态，积极地投入到学习和工作之中。对于青少年来说，对此感受不深，毕竟还没有参加工作，不过可以回想一下，那些身为老板的亿万富豪，是否经常发脾气、处于暴怒的状态之中呢？当然不是，他们给世人留下的印象总是笑容满面，精神抖擞，难道他们就没有烦心事吗？当然也不是，只是他们善于控制自己的情绪，从而将最好的一面展现给世人。

■ 不是谁都能控制住情绪

控制情绪是高情商的表现，不是每个人都能很好地控制自己，即便是那些从哈佛大学走出来的超级富豪。即将退休的微软总裁史蒂夫·鲍尔默就是一个很好的例子：

据国外媒体报道，当年工程主管马克·鲁科夫斯基准备从微软跳槽到谷歌，这件事让微软CEO史蒂夫·鲍尔默颇为恼火，甚至当众摔椅子发泄怒火。

鲁科夫斯基曾经是微软Windows NT的首席架构师，并荣获"卓越工程师"称号，其作用无可取代。当年鲁科夫斯基找到鲍尔默，告诉他将要辞职并且转投谷歌的消息，鲍尔默在劝说无效的情况下大发雷霆。根据这起案件的法庭文件显示，鲍尔默曾表示："请你告诉我，你不是去Google。"而当鲁科夫斯基表示自己正是要加盟谷歌时，鲍尔默气急败坏地抓起一把椅子从房间中扔了出来。他大骂鲁科夫斯基的话甚至成为了互联网历史上的经典："该死的埃里克·施密特，改天我会给他颜色瞧瞧，我以前就修理过他，现在我还要让他再吃苦头。我将会把他和同在Google的那群王八乌龟蛋捏成碎片。"

埃里克·施密特正是谷歌公司的首席执行官，鲍尔默对于他的挖角行为颇为不满，他还抱怨说："Google不是一家真正的公司，它将不堪一击。"然而，时至今日，谷歌依然屹立不倒，鲍尔默的话则被当成了人们的笑柄。

并不是每个人都能控制好情绪的，即便那些被认为具备高情商的哈佛富豪们，他们同样有情绪失控的时候。由此可见，控制自己的情绪是一项多么重要的能力。

提到Facebook创始人马克·扎克伯格，总是给人们一副玩世不恭的样子，但是随着年龄的增长，他也变得成熟起来，渐渐地学会了控制情绪。卡马斯·帕里哈毕提亚曾经是Facebook的副总裁，一直是马克·扎克伯格最为得力的助手，他曾经在一次接受媒体采访时表示，"扎克伯格是一位富有潜质的优秀CEO，日后必成大器。"

为什么卡马斯会这么说呢？即便在他离开Facebook，创办了自己的风投公司之后。在卡马斯看来，扎克伯格已经能够很好地控制情绪，他表示："扎克伯格不会感情用事。"卡马斯认为："他能够控制自己，不受自己情绪的影响。控制自己的情绪可是一门很高深的学问呢。"

善于控制情绪，是一位领导者必须具备的能力，这也是高情商的体现。试想，如果你是一位天天发脾气的老板，每天都对自己的员工劈头盖脸地训斥一番，还会有人愿意加入你的公司吗？我相信即使开出再高的薪水，也没人愿意为你工作。

■ 你善于控制愤怒情绪吗？

遇到不顺心的事就容易发怒的人是低情商的表现，因此学会控制愤怒情绪非常重要。想知道自己控制情绪的能力怎么样吗？下面的测试或许能为你提供答案：

1.无论在家里还是在学校，你都很少发怒。

A.是的；B.两者之间；C.不是的。

2.与人交往的过程中，你会尽可能避免表现出愤怒情绪，因为害怕被人误解，从而产生矛盾。

A.是的；B.两者之间；C.不是的。

3.即便对朋友生气，你也会尽力掩盖愤怒情绪，因为担心伤害彼此的感情。

A.是的；B.两者之间；C.不是的。

4.你认为大发雷霆并不能获得任何好处。

A.是的；b.两者之间；C.不是的。

5.你更愿意自我息怒，而不愿向别人倾诉。

A.是的；B.两者之间；C.不是的。

6.你认为不顺心时就发怒的人，不是一个心智成熟的人。

A.是的；B.两者之间；C.不是的。

7.你认为在盛怒之下处罚当事人并不是明智之举。

A.是的；B.两者之间；C.不是的。

8.你认为，发怒时继续争吵，只会让事情越来越糟。

A.是的；B.两者之间；C.不是的。

9.发怒时，你总会第一时间抑制愤怒情绪，尽量避免失态。

A.是的；B.两者之间；C.不是的。

10.你认为，当对亲密的人感到生气时，应该适当表达出来，即便很可能伤害对方感情。

A.是的；B.两者之间；C.不是的。

评分标准：

选"A"的每题得1分，选"B"的每题得2分，选"C"的每题得3分，然后计算总分。

参考答案：

得分在24～30分，你是一个善于控制情绪的高手：你承认愤怒情绪的存在，并懂得如何表达愤怒，以便更好地维护人际关系。

得分在17～23分，你的控制情绪能力一般：你知道控制情绪的重要性，但有时并不能很好地表达愤怒之情，因此，还有改进空间。

得分在10～16分，你的情绪控制能力很差：当愤怒情绪产生时，你无法控制，不仅因此损害了人际关系，还影响了自己的健康。

佛魔法 哈课 掌控情绪的10大方法

（1）寻找情绪不佳的原因

当你意识到自己的情绪出现问题时，一定要找出问题的根源，只有找到情绪不佳的原因，才能对症下药，及时化解不良情绪。

（2）别让生理规律影响情绪

每当情绪变化时，人们总习惯于归结于外部原因，然而加州大学心理学教授罗伯特·塞伊却给出了不同的答案，他说："我们许多人都仅仅是将自己的情绪变化归之于外部发生的事，却忽视了它们很可能也与你身体内在的'生物节奏'有关。我们吃的食物，健康水平及精力状况，甚至一天中的不同时段都能影响我们的情绪。"可见，有时候了解生理规律有助于更好地掌控自己的情绪。

（3）乐观地看待身边的人和事

心理学家米切尔·霍德斯做过一个实验，他将同一张卡通漫画显示给两组被试者看，其中一组的人员被要求用牙齿咬着一支钢笔，这个姿势就仿佛在微笑一样；另一组人员则必须将笔用嘴唇衔着，这个撅起嘴的姿势就好像生气一样。结果，霍德斯教授发现前一组比后一组被试者认为漫画更可笑。实验表明，人们心情的不同往往不是由事物本身引起的，而是取决于我们看待事物的角度不同。因此，乐观地看待问题，更容易获得积极健康的情绪。

（4）换个角度看问题，一切都变得不一样

看待事物的角度不同，将会导致情绪的极大不同。如果你总是充满敌意地看待某人，自然会得到坏情绪；如果改变敌视情绪，那么你的情绪也将有所改善。所以，当坏情绪滋生时，不妨换个角度看问题，也许会得到完全不同的结果。

（5）远离怨恨，学会包容与宽恕

大量研究发现，心怀怨恨不但影响心理健康，也影响身体健康。怨恨情绪也是生活中常见的导致情绪失控的原因之一，换个角度想想，怨恨是在为别人的错误而自己承担的负面情绪。所以，减少怨恨，学会包容与宽恕，才能避免情绪的进一步恶化。

（6）保证充足的睡眠

匹兹堡大学医学中心的罗拉德·达尔教授说："对睡眠不足者而言，那些令人烦心的事更能左右他们的情绪。"可见，充足的睡眠是可以为人们提供一整天的好情绪。对于青少年来说，保证充足的睡眠还有益于身心的健康成长。

（7）积极沟通能够有效化解不良情绪

这里所说的交流沟通是指面对面的交流，而不是通过网上、手机等方式沟通。研究表明，与人沟通能够很好地缓解消极情绪，因此，即便失去了工作，也不要一个人闷在家里，失去与外界的联系，否则消极情绪就会不请自来。

（8）冥想放松

在精神最紧张、最压抑的时刻，找一个安静的空间，冥想放松，倾听内心的声音，梳理负面情绪，这也是目前比较流行，且简便易行的提升情绪方法。

（9）运动改善消极情绪

运动有明显的提升情绪的效果。研究证明，抑郁患者通过运动可以有效缓解消极情绪。因此，当坏情绪让你心烦意乱时，不妨投身于喜欢的运动之中，宣泄情绪。

（10）尽可能的变化生活环境

全新的环境可以营造出良好的心境，一般来说，较大的空间更有益于人们的身心健康，过度拥挤的空间总会带给人们压抑的感觉。长期处于相同的环境，生活缺少变化，情绪自然不高。因此，试着变动家具的位置，改变生活环境，会带给你不一样的新鲜感，提升情绪。

───────── ❧ 哈佛亿万富豪给青少年的成长箴言 ❧ ─────────

控制情绪是高情商的表现，纵观那些超级富豪，杰出的领导者，他们大部分时间都能很好地管理自己，这也是一项卓越的能力。当然，人无完人，即便像鲍尔默这样的人物也会出现情绪失控。对于青少年来说，从小认识到控制情绪的重要性并着力培养这项能力，将会对未来的工作与生活起到关键作用。

🏆 自我激励：让生命处于积极的状态之中

丹尼尔·戈尔曼在《情商》一书中写道："自我激励：能够依据活动的某种目标，调动、指挥情绪的能力，它能够使人走出生命中的低潮，重新出发。"

自我激励是高情商的表现之一，尤其当一个人处于低潮期时，自我激励的能力将发挥至关重要的作用，帮助你尽快走出消极的境况。

■ 自我激励：走向卓越之路

通过有效的自我激励，可以使人保持一种兴奋的状态，无论面对学习、工作、生活，都能投入饱满的情绪，让一切都处于良性循环之中。正因为自我激励的重要性，很多成功者都非常注意培养这方面的能力。

毕业于哈佛大学的高材生们，很多在进入工作岗位几年之后就晋升为管理人员，因为他们非常善于自我激励，不断提升，而且非常善于激励团队，这也是老板最看重的一点。

德国人力资源开发专家斯普林格在其所著的《激励的神话》一书中写道："强烈的自我激励是成功的先决条件。"美国哈佛大学的威廉·詹姆斯也发现，一个没有受过激励的人，仅能发挥其能力的20%～30%，而当他受到激励时，其能力可发挥至80%～90%，即一个人在经过充分的激励后，所发挥的作用相当于激励前的3～4倍。

这里讲一个真实的故事，可以看出自我激励的作用。1991年，一位名叫坎贝尔的女子徒步穿越非洲，她先后走过了森林和沙漠，以及400公里的旷地，这是一件多么不可思议的事情啊。当有人问她为什么能完成这令人难以想象的壮举时，她的回答很简单："因为我告诉自己，我可以！"

告诉自己可以做到，你就在潜意识中调动了情绪，激发了潜能，这是高情商的表现，也是很多成功人士最喜欢的激励方式。

走向卓越之路绝非坦途，那些毕业于哈佛大学的亿万富豪们，也曾经遇到过情绪低落、一蹶不振的时刻，但是他们当中的大多数人懂得利用自我激励的方式走出困境，表现出了较高的情商。

每个人都曾经历过情绪低谷，不要以为那些日赚斗金的超级富豪们就会天天开心，他们一样会遇到困难，一样会情绪沮丧，甚至要比普通人遇到更多的麻烦。糟糕情绪所带来的破坏力是很吓人的，对于青少年来说很可能感受不深，但是你想一想，曾经考试失利后的感觉，被人欺负后的感觉，失恋后的感觉……那些时候，你的情绪正处于最低谷，当时的你是一副什么样子呢？是不是不愿意回首当初的一幕幕呢？

情绪失控可以让人瞬间失去理智，即便平时脾气很好，总是表现得温文尔雅之人，也很难保持理智。讲到这里，我们不难理解那些成功人士为何如此在乎自己的情绪，想尽一切办法防止情绪失控，即便被公众指责，被当面问到各种奇怪的问题，甚至被辱骂，他们也会保持冷静。从这一点就可以看出，这些成功人士具有多么高的情商，能够始终保持冷静，不让情绪失控。

除了防止情绪失控，自我激励还可以帮助你在遭受挫折时尽快恢复过来。为了让青少年更好地理解，不妨进行场景假设：比如老师布置了一项任务，让每位同学拿出一份郊游计划。而当你辛苦了一个晚上，写出一份详细的郊游计划交给老师之后，却只得到了"荒唐"两个字的批复，那么你此刻的心情是不是跌到了谷底呢？

很多情商平平的孩子在被老师批评之后，便失去了积极性，对郊游计划不再感兴趣，而情商高的孩子则能够迅速恢复过来，他们会将这次失败当做一次愚蠢的恶作剧，反省自己，也许郊游计划真的很烂。很快，他们又将恢复到正常的情绪中来。

可见，提高自己的情商水平非常重要，能够很好地控制自己的情绪，始终处于积极愉悦的状态，这就要求青少年从小培养这种能力，对于今后的工作与生活能够起到很重要的作用，这也是一个人从平凡走向卓越的开始。

■ 自我激励：不平凡的旅程

哈佛大学商学院毕业的迈克尔·布隆伯格，他的成长经历刚好是一个美国梦的标准样本，一路走来，布隆伯格表现出了极高的情商水准，他不断通过自我激励给自己坚持下去的勇气，最终实现了自己的梦想。

没有任何背景的布隆伯格出生于美国麻省一个普通家庭，很小的时候就对信息和技术产生了浓厚的兴趣，凭借聪明才智，他成功获得了霍普金斯大学的工科学士学位，随后他又在哈佛大学商学院拿到了MBA证书。

从哈佛大学顺利毕业之后，布隆伯格开始了一段不平凡的旅程，他进入了华尔街第一流的所罗门兄弟投资公司，他比其他人都要付出更多的努力，以实现出人头地的梦想，所以他每周工作6天，每天工作12小时以上。仅仅用了6年时间，他就成为了所罗门兄弟的合伙人。对于这个岁数的年轻人来说，完全值得骄傲一阵子并享受这份荣耀了，然而布隆伯格没有停下脚步，他不断激励自己，不断调动情绪，继续奋斗了9个年头。

布隆伯格一心只想着成功，在高涨的情绪下不断努力工作，却忽视了公司的内部纷争，结果他被所罗门兄弟无情地扫地出门，15年的梦想一夜之间破碎了。

隔天一早，布隆伯格似乎还没有缓过来，他像往常一样上了闹钟，当他洗漱完毕，拉开衣橱准备换装时，突然意识到自己已经被公司抛弃了，巨大的失落感涌上心头，布隆伯格瘫倒在沙发上。他抱着头仰望天花板，陷入了长久的冥思之中。

那一年，布隆伯格将近40岁，他已经无限接近事业的顶峰，他的梦想就快实现了，可是却在即将成功之前被人从顶峰推下，他所经历的一切常人无法想象。

巨大的绝望感并没有击倒布隆伯格，他的高情商帮了大忙，他告诉自己：不要紧，至少我还有1000万（所罗门公司给他的赔偿金），我可以从头再来。于是，布隆伯格的第二次创业旅程开始了。

布隆伯格的消沉情绪并没有延续多久，他通过自我激励找回了信心，马上投入对市场的分析之中，在仔细思考之后，他决定创建一家证券信息资讯公司，命名为"创新市场系统公司"，这也是布隆伯格新闻公司的前身。

这一次，布隆伯格成功了，随着公司不断发展壮大，布隆伯格也激励自己向着更远大的梦想前进，终于在2002年1月1日，成功当选为纽约市长。

这是一段不平凡的旅程，一位不知名的小人物一路走来，知名高校（哈佛大学）——华尔街一流投资公司（所罗门兄弟）——纽约市长，这一路的艰辛是我们这些凡夫俗子无法体会的，但我们从中却领教了布隆伯格高情商的厉害，即便在生命中最灰暗的时刻，他依然通过自我激励完成了自我拯救，从而成就了卓越的人生。

佛魔法哈课 自我激励的方法

（1）调控情绪

积极的情绪将会产生正能量，而消极的情绪只会带来负能量。作为青少年，如果想要提高情商，就要学会控制情绪，始终让自己处于积极的情绪之中，那么就可以保持愉悦的精神状态，更好地学习与生活。

（2）远离消极的环境

消极的氛围很容易让一个人陷入沮丧颓废之中，唯有积极的氛围可以让人保持振奋的精神。所以，对于青少年来讲，尽可能远离消极的环境，远离那些可能带给你消极情绪的人，多和充满热情，积极主动的人交往，更容易起到彼此激励的效果。

（3）目标定的高一些

很多时候，目标设定的太低，不容易激发出个人潜能，更容易失去前进的动力。所以，将目标调高一点，以此激励自己前行，更容易获得成功。比如，青少年可以将自己的目标定在考进全班前十名，考进全年级前二十名，考上清华北大，考上哈佛大学……当然，目标也不宜过高，还要考虑到自身实力。

（4）离开舒适区

过于舒适的环境将会使人变得懈怠，对于青少年来说，人生才刚刚起步，偶尔累了的时候可以在舒适的环境中寻求短暂的休息，但绝不能贪图于此，否则你的能力、积极性、成功的愿望都会减弱，因此必须时刻提醒自己，远离舒适区，大胆地迎接挑战。

（5）成功需要有紧迫感

俗话说：人无压力轻飘飘。尤其是青少年，责任意识尚未形成，自我管理能力较差，这时一旦陷入整日玩乐、贪图享受的状态，很难取得进步。所以，要像那些毕业于哈佛大学的超级富豪学习，时刻给自己紧迫感，给自己压力，并以此激励自己，才可能取得更好的成绩。

（6）制订计划

没有计划的人生是枯燥乏味的，是缺少动力的，制订计划，并随时调整计划，以此激励自己，可以保持兴奋的状态，有助于提高。

（7）保持危机感

危机能激发人们的潜力，耽于安逸的人永远无法取得长足的进步。保持适度的危机感，是自我激励的一种方式，在压力之下更容易激发斗志，这也是当今青少年较为缺乏的品质。

　　情商高的人善于进行自我激励，他们总是能让生命处于积极的、愉悦的状态之中，就像世界上那些超级富豪们，他们总是表现出一副很开心的样子，不仅是因为他没有花不完的钱，也不是因为他们没有烦恼。其实，他们的烦恼不见得比普通人少，只是他们的情商足够高，能够通过自我激励始终保持最佳状态。

🏆 识别他人情绪：
感受和谐人际关系产生的动力

丹尼尔·戈尔曼在《情商》一书中写道："识别他人的情绪：能够通过细微的社会信号、敏感地感受到他人的需求与欲望，是认知他人的情绪，这是与他人正常交往，实现顺利沟通的基础。"

识别他人情绪也是高情商的一种表现，有助于调节人与人之间的关系，避免出现尴尬、不和谐的场面。

■ 不能识别他人情绪是低情商的表现

丹尼尔·戈尔曼说过："不能识别他人的情绪是情感智商的重大缺陷，也是人性的悲哀。"的确如此，识别他人情绪是一项很重要的能力，是一个人高情商的表现。现实生活中，我们经常可以看到这样的场面：一个人正在大发雷霆，而旁边的人却有说有笑，结果很容易形成敌视情绪。

试想，如果老板在开会的时候因为业绩不佳大喊大叫，而底下的员工则表现得兴高采烈，那么结果会怎么样呢？我想，没有哪个员工会愚蠢到这种地步吧。

但现实生活中真的有一群人，情商低，无法识别他人的情绪，结果导致人际关系变得很差，就连很多亿万富豪也是如此，不知道他们是有意为之，还是情商真的很低。

毕业于哈佛大学的雷伊·达里奥就经常在开会的时候打断下属的讲话，完全不顾及对方的情绪，甚至当面批评下属。他认为这样做是很有必要的，有助于员工成长。

不知道在欧美发达国家有什么样的习惯或风俗，反正在中国，这样的方法被认为是毫无礼貌的，也是低情商的表现。

曾经有一位叫杰克的员工，在开会时讲述着自己的观点，结果却被老板达里奥打断了。"别那样做，我们之前讨论过。"瞬间，办公室的气氛变得紧张，而达里奥似乎并不在意杰克一脸尴尬的表情。

几秒钟的沉默之后，杰克感到愤愤不平，试图为自己辩护，并坚持自己的观点。这一次达里奥还是没让他说完，最终这位年轻的雇员只好不了了之。

在达里奥的布里奇沃特投资公司中，他经常鼓励员工挑战其他人的观点，不分级别，他称此种文化为"极致的透明"。不仅如此，他还习惯于当面批评下属，他将这个过程称之为"达成共识"。

很显然，达里奥的做法在其他地方并不流行，不管他取得多么大的成绩，有多少财富，这样不顾及他人面子的做法仍然被认为是情商低的表现，也许这种做法只适用于其公司内部，相信在与其他人交流的时候，达里奥绝不会这么做的。

老板也好，主管也好，或者是平级的员工，当面批评指责他人都会影响彼此的情绪，把气氛搞糟，一个稍微有些情商的人都会察觉到他人脸色的变化，这也是人之常情。所以，及时察觉他人情绪的变化，调整自己的言行，有助于获得更好的人际关系。

城堡投资集团创始人肯尼斯·格里芬，同样毕业于哈佛大学，同样因为其管理模式引起不小争议，但却依旧我行我素，表现出其情商不高的一面。虽然贵为全世界最大、最成功的投资集团的创始人，格里芬却习惯了在非议中前行。

格里芬的城堡投资集团中汇集了一群精英人物，个个都是好手，而这些人正是格里芬不惜以高价从其他公司挖过来的，他这种"挖墙脚"的行为招致了不少争议。其中，对冲基金经理人丹尼尔·罗伯已经正视向格里芬宣战，他在一封广为流传的信中写道："我想清楚地申明，无论在任何情形下，你都不得接近我公司雇员或者试图向他们提供工作，我的警告也包括你向我的朋友的雇员提供工作，任何此类行为都会被看做是向我宣战。我的朋友的敌人即是我的敌人。"

难道格里芬没有觉察到其他人的敌对情绪吗？对于同行的公开挑战与投资者的质疑，格里芬肯定早就有所察觉，然而他却充耳不闻，依然我行我素，表现出固执的一面，这也是情商不高的表现。

不要以为那些哈佛大学毕业的超级富豪一定是完美之人，无可否认，他们拥有极高的智商，但是其中一些人的情商却很一般，不能很好地识别他人的情绪，从而导致了人际关系的紧张。

要知道，人脉是宝，无论在学习、工作或者生活中，少了人脉都不可能成功，如果那些自以为是的天才们依然我行我素，很可能为将来埋下祸根。

再来看一个正面的案例，梅格·惠特曼，这位毕业于哈佛大学的超级富豪，被认为是惠普拯救者的女英雄就非常善于识别他人情绪，当她来到危机四伏的惠普公司之后，发现2012年公司的净利润比前一年下降了31%。惠特曼意识到，改革势在必行，在公司创造的财富有限并逐年下降的情况下，必须通过缩减成本和降低开支来维持企业的财力了。那么，裁员的问题就摆到了桌面上。经过讨论，惠特曼对外宣布，将会在未来三年内裁掉8%的企业员工，这个数在大约在27000人左右。

然而，惠特曼察觉到了员工们的恐慌、怨恨情绪，她表示深感无奈，但裁员势在必行，她安慰员工们说：鉴于过去的开支状况，我们实在不能支撑太久，所以我们不得不采取一些残酷的手段以使我们的行事更富效率。削减27000名员工从来都不是一件轻松的事，对员工们而言，这就是在要他们的命。但是我觉得，我们实在等不起合适的投资商向惠普注资，使它能够在以后的5年里迅速崛起。

这个案例很好地体现出惠特曼高情商的一面，裁员势在必行，不可更改，但是她成功识别到了员工们的不满情绪，发表了宽慰人心的讲话，虽然没有实质性作用，但却缓解了双方的矛盾情绪，赢得了员工的理解与支持。

对于青少年来说，识别他人情绪的能力很重要，是提高情商的重要手段。利用学生时代培养识别他人情绪的能力，对于今后的工作非常重要，这也是管理者所必须具备的素质之一。

哈佛魔法课 如何识别他人的情绪

（1）分析他人性格

洞悉他人情绪，建立在充分了解对方性格的基础之上。首先，你要知道对方是内向性格还是外向性格，并以此调整自己的言行。举例来说，你的同学内向害羞，那么你跟他开玩笑时就要注意分寸，这类人非常敏感，情绪不易表露，所以你需要很小心自己的言行，以免造成误会；而如果你的同学是一位性格外向、大大咧咧的家伙，那么你就没必要过于谨慎，甚至可以开一些大尺度的玩笑，因为他们的情绪都写在脸上。

（2）平时注意观察

识别他人情绪，建立在长期的观察之上，通过九字经"听其言、察其行、洞其心"全面了解分析对方，时间久了，就能够很好地识别对方的情绪。

（3）读懂微表情

当一个人情绪发生变化时，表情会发生细微的变化，即便是心机再深的人，也会流露出一丝不易察觉的微表情。况且，学生时代很少有这样的人，他们的表情都写在脸上，只要认真观察并不难读懂。

（4）通过聊天识别他人情绪

如果你拿不准对方的情绪变化，可以通过聊天的方式作出判断。比如，你可以谈论一些对方感兴趣的话题，如果对方依旧面无表情，很可能说明他现在不高兴；反之，当你说一些无聊的话题时，对方仍然会热情地回应你，那么则说明他此刻的情绪不错。

—————— ✎ 哈佛亿万富豪给青少年的成长箴言 ✎ ——————

识别他人情绪是高情商的表现，也是一种很重要的能力，有助于赢得和谐的人际关系。作为青少年，从小培养识别他人情绪的能力，一方面可以提高情商，另一方面还会因此赢得不错的人际关系。今后走上工作岗位之后，这种能力会带来很多好处，帮助你迅速适应社会，融入职场。

处理人际关系：情绪调控的魔力

丹尼尔·戈尔曼在《情商》一书中写道："处理人际关系，调控自己与他人的情绪反应的技巧。"

及时调控情绪以获得良好和谐的人际关系，同样是高情商的表现之一，也是丹尼尔·戈尔曼在《情商》一书中提出的最后一点。学会调控自己及他人的情绪是一项很重要的能力，能够在学习、工作与生活中起到重要作用。然而，现实生活中，很多人都无法做到这一点，可见学会调控情绪是多么困难的一件事。

■ 总统也会情绪失控

贝拉克·侯赛因·奥巴马二世，美国历史上第一位非裔总统，1991年毕业于哈佛大学法学院，虽然他不是超级富豪，但是身为美国总统，也会有因情绪失控而影响人际关系的时候，在此引用奥巴马的例子，为的是强调控制情绪的重要性。

在奥巴马谋求连任的一次演讲集会中，现场十分冷清，竟然出现了数千个空位，掌声也寥寥无几，这也让奥巴马的情绪不高。就在两年以前，他的每一次讲话都是万人空巷的热烈场面，掌声、欢呼声、呐喊声不绝于耳，那时的奥巴马雄姿英发，像个英雄一般站在讲台上激情四射地演说，而当年的"万人迷"如今却生出满头白发，沧桑尽显。

奥巴马在俄亥俄州克利夫兰大学的演讲，为的是重新点燃民主党选民的热情，他说："我需要你们继续战斗，并且坚信战斗的价值。请记住，任何变革都是用痛苦换来的。所以，请不要轻言放弃。"可是，无论奥巴马如何卖力地演讲，挽救选情，民意调查的结果却仍然不容乐观，这也让他逐渐失去了耐心。在看完盖勒普最新民调显示，民主党的支持率落后共和党15个百分点之后，奥巴马意识到形势的严峻性，接下来发生了很罕见的一幕。

在一次公众集会上，一向给世人文质彬彬、谦和有礼的奥巴马竟然失控了，他向示威的群众板起脸来。那是发生在康涅狄格州的一次集会上，在奥巴马演讲的时候，一群争取援助全球艾滋病患者的示威者几度鼓噪，多次打断了他的讲话，奥巴马终于忍不住怒视相向，狠狠地回敬了示威的人群。然而，却因为此举将双方的关系搞得更糟。

作为公众人物，最忌讳的就是情绪失控，这会严重影响自身形象以及与大众的关系，然而即便是美国总统也会有意外失控的时候，可见要想真正地调控好自己的情绪，并不是一件容易的事。

■ 情绪调控：让关系更和谐

史蒂芬·柯维（1932年10月24日~2012年7月16日），美国著名的管理学大师。曾被美国《时代周刊》誉为"思想巨匠"、"人类潜能的导师"，并入选影响美国历史进程的25位人物之一。

史蒂芬·柯维毕业于犹他大学，之后又获得哈佛大学工商管理学硕士，他写的《高效能人士的7个习惯》一书销量过亿册，并被翻译成28种语言出版。在这本书中，史蒂夫·柯维讲过自己多年前犯过的一次错误：

在女儿3岁生日的那一天，我一进门就发现气氛不太对劲。她站在客厅角落，手上紧紧抓着礼物，不让其他小朋友玩。面对在场的家长，我觉得分外尴尬，因为当时我正在大学教授人际关系。心想，应该趁此机会教导女儿礼让的观念，这是最基本的价值观之一。

于是我先用命令的方式说："宝贝，请把小朋友送的礼物分给大家一起玩，好不好？""不！"她毫不犹豫地拒绝了。

接着，我试图跟她讲道理："你现在肯跟小朋友玩玩具，下一次你到他们家，他们也会把玩具让给你玩。"结果她依然不肯。我觉得很窘，连3岁小孩都管教不好。迫不得已只好贿赂，我轻声对她说："如果你肯让别的小朋友玩玩具，爸爸就给你一个特殊的奖品——一片口香糖。"她大叫："我不要口香糖。"

这时我也发火了，威胁道："如果不让出玩具，你看我怎么处罚你！"女儿哭道："我不管，这些是我的玩具，我不要跟别人一起玩！"最后我只好采取强迫手段，硬从她手上抢过一些玩具分给其他小朋友。

身为父亲，同时又是一位人际关系学教授，斯蒂芬·柯维并没能有效地调控自己的情绪以及女儿的情绪，结果导致双方都不高兴的结果。多年以后，柯维意识到自己的表现不够成熟，因为缺少耐心，所以对女儿发脾气。

在这件事上，史蒂芬·柯维只是以父亲的权威命令女儿，强迫女儿按照自己的意愿行事，并没有考虑到孩子的情绪，结果随着自己的情绪失控，也导致了女儿的情绪变得糟糕。试想，如果当时柯维能够调节自己的情绪，继而调节女儿的情绪，也许就会出现皆大欢喜的局面。

学会调节自己的情绪，有助于更加和谐的人际关系，这项能力在工作与生活中都会发挥很重要的作用，对于青少年来说，学生时代就该培养这方面的能力，有助于搞好与同学、老师、家人的关系，你会发现圆融和谐的人际关系会给你带来无限的快乐。

（1）善于观察

善于观察的人，能够及时感知到自己和他人情绪方面的变化，从而做出相应的调节。所以，青少年在学习生活中，要注意培养观察力，尤其是对于那些喜怒不形于色的人，察觉他们的情绪最为困难，这就要求平时加深了解，注意细节，这样才能更好地进行判断。

（2）当自己情绪恶化时

自身的情绪最容易察觉，一旦发现自己的情绪恶化，那么为了避免影响人际关系，最好选择回避他人，一个人独处，之后合理地将坏情绪发泄出去。

（3）当察觉他人情绪恶化时

假设在一场同学聚会中，你发现某位关系不错的同学情绪失控，你可以通过交流缓和对方情绪，如果效果不明显，还可以采用转移对方注意力、将对方劝离现场等方式，这些都是调节他人情绪的技巧。

（4）改变环境

当情绪恶化时，改变环境的方法最为有效，无论对自己还是对他人，立刻远离导致情绪失控的环境，有助于迅速从不良情绪中恢复过来。

（5）意识控制

这也是最难的一种方法，只针对自我情绪调控。举例来说，作为一个学生，在学校与同学发生冲突，而你又不想因此失态，被人嘲笑，就要在潜意识中告诉自己忍耐，控制好情绪，通过这样的自我暗示训练，时间久了就能够游刃有余地通过意识控制情绪了。

　　调节自己与他人的情绪是一项重要的能力，也是高情商的具体表现，需要长时间的练习才能达到。放眼世界，很多超级富豪们之所以拥有广泛的人脉，离不开他们处理人际关系的能力，他们很善于调节自己和他人的情绪，因此总能够获得和谐的人际关系。对于青少年来说，应该从小就培养识别、调节情绪的能力，在未来一定会起到很重要的作用。

第六章

哈佛富豪高财商的具体表现

把巨额财产交给专业人士打理

让专业的人做专业的事，即便是毕业于哈佛大学的超级富豪，也懂得这样简单的道理，虽然他们的身家过亿，虽然他们的智慧超凡，但是在理财问题上，他们依然会选择专业的人选，这也是他们高财商的表现。

■ 让专业的人做专业的事

首先，让我们先来看一个很有趣的故事：

在美国的一堂商业管理课上，一位教授同学们提出一个问题："我有一个漏洞的杯子，谁能想办法补好这只杯子，使之滴水不漏。你们可以大胆想象，当然也可以另辟蹊径。胜出者能够赢得100美元的奖金。"

分别有甲乙丙三个学生给出了答案，甲说："我会把这个杯子焊好，并且尽量保持原样，看不出一点破绽。"

乙学生说："我去找东西把这个洞直接补上不就得了。"

丙学生说："我想不出什么好办法，但我愿意拿出50美元向大家征集一个最好的解决办法，这样我还能剩下50美元。"

教授认为，乙的方法最简单实用，而甲的方法次之，丙同学的方法最烂。

这件事就这么结束了，过了十几年，教授又提到了这个故事，但显然他的表情一脸尴尬，为什么呢？当年的甲同学成为了一名建筑师，而乙同学则碌碌无为，丙同学则成为了微软公司的首席执行官——史蒂夫·鲍尔默。

也许这只是一个故事，却能看出亿万富豪的过人之处，他们很清楚自己的专长，所以不擅长的事情更愿意交给别人打理，自己则坐收渔翁之利。这也是为什么很多超级富豪虽然有过人的智商与财商，但是他们更愿意将自己的资产交给专业人士打理，而且对他们完全信任。

黛安·亨德里克斯与丈夫肯尼斯于1982年创建了屋顶产品公司，不幸的是她的丈夫肯尼斯在2007年从一处工地坠落身亡，之后亨德里克斯便独自一人接管公司。如今，公司在她的领导下已经成为美国最大的屋顶、窗户和护墙板产品批发分销商，销售额接近27亿美元。那么，亨德里克斯是如何理财的呢？曾经有记者问她："你是如何选择基金经理或投资顾问的呢？"

亨德里克斯回答说："完全在于信任，你们必须非常了解彼此。他还需要清楚你的目标和你的风险承受能力。我会与他的其他客户进行交谈，但最重要的是你自己必须感到和这个人相处自在。"

把巨额财产教给专业的人士打理，当然少不了一份信任，这也是亨德里克斯高财商和高情商的表现。

再来看看前世界首富比尔·盖茨，虽然在世界首富的位子上混迹多年，拥有巨额资产，但对于理财问题，他仍然选择交给专业人士打理。比尔·盖茨虽然是世界顶尖的电脑天才，拥有极高的智商，却很清楚自己在理财方面的才能，不是没能力打理好自己的资产，而是更相信专业人士。同时，盖茨为了不让理财的事情过多地牵扯自己的精力，决定聘请一位理财师。

1994年的时候，比尔·盖茨在微软股票之外的个人资产就已经超过4亿美元，他聘请了年仅33岁的劳森作为他的投资经理，并告诉对方，微软的股价会一直上升，到时就会有更多的钱来供他投资。

劳森的表现不错，盖茨除了将50亿美元的私人投资组合交给他打理之外，还将个人捐资成立的两个基金交给他管理。

劳森的任务就是将这些股份以最好的价钱售出，并在适当的时候买进债券或其他投资工具来完成这一过程。

经过理财专家劳森的悉心打理，这两支基金的每年捐税已经超过了名列《财富》500家中的后几家公司的净收入。比尔·盖茨的高明之处由此可见一斑，他既避免了投资理财牵涉过多的精力，又通过委托专业人士打理资产而获得高额的回报。

■ 个人理财能力测试

哈佛亿万富豪的高财商不仅体现在赚钱方面，同样体现在管理个人资产方面，如果理财不是自己所擅长的事情，那么就会毫不犹豫地将资产委托给专业人士打理，并且深信他们的智慧与能力。那么，想知道你的理财水平如何吗？下面的测试将给出答案：

1. 目前你的存款是多少？

A.精确地知道；

B.知道个大概；

C.完全没有概念。

2. 你能说出哪些投资渠道？

A .5个以上；

B. 2～5个；

C.只知道放在银行生利息。

3. 你的零用钱主要用在？

A.存在银行吃利息；

B.没有积蓄，都花了；

C.多渠道投资，买股票、买债券、买理财产品等。

4. 你一个月花多少钱？

A.不清楚，没了就管父母要；

B.父母给多少就花多少，不透支；

C.有详细的计划，每月都有结余。

5. 购买贵重物品（如手机）时你会？

A.货比三家，全面搜集资料；

B.根据品牌挑选，喜欢大品牌的产品；

C.能用就行，尽量选择性价比高的国货。

6. 外出购物时你会？

A.买很多东西，喜欢就拿，经常冲动消费；

B.只买需要的东西，不过随意性很强；

C.有计划地购买，尽量选择打折商品。

7. 对于别人穿过的旧衣服，你的态度是？

A.欣然接受，能穿就好；

B.选择一些不错的留下；

C.坚决不要，即便自己很喜欢。

8. 在请同学吃饭方面，你是？

A.在能力范围之内，尽量挑选最好的餐厅；

B.尽量节俭，量力而为；

C.只顾面子不顾口袋，借钱也得吃最好的。

9. 当你选择购买一件贵重物品时，你会？

A.选择按揭方式，利用每个月的零花钱购买；

B.向家里要钱一次性付清；

C.买不起的话就等攒够钱再买。

计分标准：

1. A–2 B–1 C–0

2. A–2 B–1 C–0

3. A–0 B–1 C–2

4. A–0 B–1 C–2

5. A–2 B–1 C–0

6. A–0 B–1 C–2

7. A–2 B–1 C–0

8. A–1 B–2 C–0

9. A–2 B–0 C–1

测试答案：

得分0～4：你缺少理财意识，理财能力差，花钱大手大脚，你急需培养理财能力，否则以后很可能成为"月光族"。

得分5～9：你已经意识到理财的重要性，不过还需要学习理财知识和技巧，进一步提高管理资金的能力。

得分10～13：相对于同龄人，你的理财能力已经不错了，能够游刃有余地管理自己的资金。

得分14～18：恭喜你，你已经具备了专业水准的理财能力，可以说，你懂得如何充分利用资金以使其发挥最大的作用，未来甚至可以向金融理财方面发展，成为专业人士。

佛魔法哈课 如何培养理财能力

（1）了解金钱的价值与赚钱的不易

对于很多孩子来说，无法体会到赚钱的艰辛，所以首先要了解金钱的价值、作用，之后试着自己去赚钱，当体会到赚钱的辛苦之后，就会理解理财的重要性了。

（2）学习理财知识，培养理财兴趣

学习理财知识的渠道非常多，可是大部分孩子对此毫无兴趣，那么首先需要激发兴趣，爱上理财。实践是最好的方法，青少年可以赚取利息等方式感受钱生钱带来的快乐，一旦产生兴趣，就会主动去学习各种理财知识了。

（3）养成节俭的习惯

对于那些经济条件好的家庭，平时习惯于给孩子大把的零用钱，而孩子们很容易养成乱花钱的毛病，他们不清楚赚钱的艰辛，想要多少钱只管开口要，那么将会养成花钱大手大脚、浪费的习惯，一旦以后没有钱花的时候，很可能出现新的问题。所以，不管你的家庭条件如何，都应该养成节俭的习惯，有助于理财意识的养成。

（4）合理储蓄

现在的孩子零花钱都不少，很多孩子拿到钱之后就会一下子花完，也有些父母会将孩子的压岁钱代为保管，这两种方式都不利于培养理财能力。青少年要养成储蓄意识，花一部分，留一部分，以备不时之需。

（5）精打细算

培养理财能力，青少年可以代替父母当一回家，制定家庭开支，自己买菜，自己购物，到时就会发现钱为什么总是不够用了，也就自然而然形成了精打细算的习惯。

（6）理财需要了解自己的特点

提高理财能力，还要分析一下自己的个性，如果是性格沉稳保守的人，则适合选择银行理财、国债之类风险较低的产品，如果是性格豪爽的人，则适合选择高风险高收益的理财产品。

（7）提高实战机会

培养理财能力，最好的方法就是实战，可以用一小部分资金做实验，购入保险、债券、股票、理财产品等，通过实践能够更好地激发兴趣，继而提高理财能力。

——◈ 哈佛亿万富豪给青少年的成长箴言 ◈——

让专业的人做专业的事，这是哈佛亿万富豪高财商的表现，尽管他们拥有巨额财富，并且智商超群，但更愿意将资产交给专业人士打理，并且对他们的能力深信不疑。记住，你不可能什么都在行，将重心放在最擅长的领域，其他的事情就交给专业人士处理吧。对于青少年来，记住这一点也很重要，比如你在去学校的路上自行车坏了，你可以自己修好，但却要花很长时间，不如交给专业的修车师傅，5分钟就搞定了，你只需付出一定的费用。

🏆 鸡蛋绝不能放在同一个篮子里

鸡蛋不要放在同一个篮子里，因为一旦篮子出现意外，所有的鸡蛋就都很难幸免于难。这个比喻用在投资理财方面，就是指分散投资以降低风险，这种投资方式早已不是秘密，不仅是超级富豪采用的投资方式，同时也是很多老百姓采用的方式。然而，对于青少年来说，由于理财意识不强，理财能力较差，在缺少经验的前提下仍然喜欢"孤注一掷"的投资行为，结果很可能造成惨重的损失。

■ 组合投资少风险

组合投资的理念早已深入每一个美国人的心中，他们的工资除了支付各类贷款之外，剩下的钱会分别投在不同领域，股票、债券，也会拿出一小部分放在银行吃利息。老百姓如此，那些超级富豪更懂得分散投资的道理，而且他们的投资渠道更多，这样才能使自己的巨额资产保值。

比尔·盖茨和普通美国民众一样，也深知组合投资的重要性，他的钱用来购买股票和债券，并进行房地产投资。同时还有货币、商品和对公司的直接投资。据悉，盖茨将名下两支基金的绝大部分资金都投在了政府债券上。在他除股票以外的个人资产中，美国政府和各大公司的债券所占比例高达70%，而其余部分的50%直接贷给了私人公司、10%投到了其他股票上、5%则投在了商品和房地产上。

其实，比尔·盖茨式的分散投资显得不那么谨慎，也或许是他过于自信了，他将绝大部分资产都押在微软一家公司上，不符合分散风险的原则，而且比例严重失调。

之所以选择分散投资，就是因为能够有效降低风险，你买的股票跌了，也许你投资的房产赚了；你投资这家公司的股票赔了，也许另一家就涨了……总之，采用分散投资的方式，有赔有赚，但是如果你选择把鸡蛋放在一个篮子里面，那么要么赚得盆满钵满，要么赔得血本无归。

早在400年前，西班牙人塞万提斯在《堂吉诃德》中就写道："不要把所有的鸡蛋放在同一个篮子里。"可见，这样的理财观念在很久以前就被人们知晓并一直沿用至今，也是那些超级富豪们非常喜欢的方式。

对于青少年来说，分散投资的实践机会并不多，因为手里的资产有限，但这并不妨碍培养资产配置的理财习惯。青少年可以多关注理财方面的资讯，看看那些超级富豪们是怎样合理配置资产的。

投资的时候，要进行适当的配置，不要把所有的资产都压在一种产品上，这不是投资，而是赌博。投资必须建立在分散风险的目的之上，同时保证投资组合的可控性。

在生活中，青少年可以把钱分成三类，第一类用于平时的生活开销，柴米油盐自然不用你们去考虑，就当是吃喝玩乐的基本费用吧；第二类用来应急或购买贵重物品，比如有一天同学突然遇到事情管你借钱，或者你看上了哪件贵重物品想要购买，这部分资金就可以派上用场了；第三类则是可以用来投资的闲置资金（当然，如果你还有剩余的话）。你可以进行简单的投资，比如购买债券、债券型基金、理财产品，或者存进余额宝，当然最好不要碰股票。

不过，很多青少年误解了分散投资的意思，举个简单的例子：

小李是一名高中生，平时受父亲炒股的影响，自己也成了股迷，没事就玩两把试试运气。他从父亲那里听说了分散投资的理念，于是就把平时攒下来的几千元零花钱投进了股市。小李记住了"不要把鸡蛋放在一个篮子"里的投资理念，结果他就分别选了不同支的股票，而股票市场往往会出现一荣俱荣、一损俱损，股市好的时候，小李赚了点小钱，而没过几天股市大跌，他的所有股票都被套牢了。通过这次教训，小李才弄清楚了"不要把鸡蛋放在同一个篮子里"的道理。

像小李这样的投资者有很多，尤其是青少年，经验欠缺，刚学到一知半解就急于实践，往往会造成损失。

组合投资风险小，这就是为什么超级富豪们会投资各种各样的领域，东方不亮西方亮，总有能赚钱的地方。

■ 测一测你属于哪种类型的投资人

青少年在投资之前，一定要清楚自己属于哪种投资类型的人，之后再确定投资方向。不要冲动投资，否则很容易造成亏损，完成下面的小测验，看看自己属于哪种类型的投资人：

1. 你跟朋友去看电影，想买22：45的票，但已经售罄，只剩下午夜场的票了。或者你可以去看其他的电影，你会怎样选择：

A.去看其他电影；

B.买午夜场的票。

2. 你在某专卖店看上一条裤子，但是因为打折销售，卖得很火，没有你能穿的号码。店员说其他门店可能还有，但因为打折无法给你保留，建议马上去购买。你会：

A.马上赶去其他门店购买；

B.选择其他裤子。

3. 你在苏宁、国美这类电子卖场购买商品时，如果选择样机能够得到8折优惠，你会如何选择：

A.购买打折的样机；

B.购买不打折的新机器。

4. 假设你已经参加工作，在失业一段时间后得到两个工作机会。一个高薪但压力巨大，一个低薪却很轻松，你会如何选择：

A.选择高薪，压力大的工作；

B.选择低薪，压力小的工作。

5. 假设外出旅行时你有看书的习惯，你会选择喜欢作者的新作，即使他越来越令你失望；还是会选择最近出版的热门畅销书。

A.选择畅销书；

B.选择自己喜欢作者的新书。

计分方法：

1. 选A给得1分，选B不得分。

2. 选A给得1分，选B不得分。

3. 选A给得5分，选B不得分。

4. 选A给得10分，选B不得分。

5. 选A给得1分，选B不得分。

投资指导：

0~4分：储蓄型

这类人不喜欢承受过高的风险，适合稳健型投资，把钱存入银行吃利息是一个不错的选择。除此之外，建议购买保本型理财产品。

5~10分：投资型

你想获得较高的收益，因此愿意承担一定的风险，所以建议以中度风险的金融商品为主，如股票、基金和债券。

11~18分：投机型

你属于那种追求高收益的人群，并且愿意承担较大风险，你需要在短期内获得巨额利润，因此不怕赔个底掉。适合你的投资产品包括期货、黄金、不动产等高风险的商品，不过作为学生，在没有固定收入的情况下，不建议进行此类操作。

哈佛魔法课 组合投资的方法

（1）存入银行吃利息

对于青少年来说，将自己的零用钱存入银行，这是最保险的理财方式，但也是利息最少的一种。

（2）购买银行理财产品

相对于从基金公司、保险公司购买理财产品，投资者更愿意从银行购买此类产品，毕竟心里放心，建议青少年从种类繁多的银行理财产品中选购保本型的产品进行投资，并事先看懂说明书。

（3）购买基金产品

鉴于目前股市的低迷，如果青少年想要购买基金产品，建议购买低风险低收益的保本型基金，毕竟手里的资金有限，不建议购买高风险高收益的股票型基金。

（4）购买黄金

购买黄金也是一项投资选择，前不久"大国大妈跑赢华尔街"的消息被炒得沸沸扬扬，让很多人蜂拥而入。不过只要稍微理性一点的人，就能看出这是又一次无聊的炒作，中国大妈们要是能赢了华尔街的基金经理，中国足球就能赢得世界杯了。在此，只是给青少年们提供一个投资选择，在决定投资之前一定要仔细分析。

（5）外汇投资

也就是所谓的炒汇，是一种高风险高收入的投资方式，在此只做介绍，不建议购买。相比于股票来说，炒汇的概念相对陌生，但是却有着广泛的前景，如果青少年对于投资感兴趣，也可以关注这方面的资讯。

　　不要把鸡蛋放在同一个篮子里，这是一个最基本的理财原则，只要稍微有点财商的人都很清楚。对于青少年来说，理财意识不强，经验少，就要求多学习这方面的知识，在投资时选择不同的产品，将风险降下来，相信很快就能发现组合投资所带来的好处。

🏆 与刀刃保持适当的距离

与刀刃保持适当距离，是为了不被划伤，在理财中，指的是合理控制风险，也是高财商的一种表现。青少年主要精力在于学习，投资理财的机会不多，但是要想培养高财商，必须具备风险意识，随时与刀刃保持一定的距离。

■ 行走在刀刃上的大师

他们是毕业于哈佛大学的超级富豪，他们是投资领域的专家，他们生性喜爱冒险，同时又能躲避风险。这是一群行走在刀刃上的人，敏感地捕捉每一次机会，洞察每一次危险，他们总是将风险控制在合理范围内，所以常年处于不败之地。

全球最大的对冲基金——布里奇沃特基金的创始人兼CEO雷伊·达里奥就是这样一个人。当年，26岁的达里奥被一家公司炒了鱿鱼，结果他没有再去找工作，而是在曼哈顿的公寓内创办了布里奇沃特公司，此后逐渐发展成为世界最大的对冲基金公司，管理的资金约1000亿美元。达里奥的个人资产已经超过125亿美元，排名2013年福布斯亿万富豪榜第76位。

达里奥天生喜欢冒险，尤其喜欢野外狩猎，他经常去加拿大垂钓，去苏格兰打松鸡，甚至用弓箭在非洲狩猎大型动物，比如南非黑色大水牛，而这些家伙以脾气暴躁著称，有时会用巨大的角去顶狩猎者。达里奥喜欢冒险，他认为风险与机遇同在，他把狩猎看成他投资方式的一种隐喻，达里奥说："这就是一件控制风险的事情，如果你了解并控制住它们，也就不存在什么风险了。如果你不加思考地去做，草草了事，那就会非常危险。"

在达里奥看来，成功的关键就是要弄明白"哪里是刀刃，如何与刀刃保持恰当的距离"。

清楚风险在哪里，并与之保持适当的距离，这就是达里奥总能规避风险的原因。他的同事鲍勃·普林斯谈到达里奥的成功时表示"他是一个有着宏观思考与街头智慧"的商人。

摩根大通CEO杰米·戴蒙同样是以擅长管理风险著称，他亲自监管摩根大通涉及风险最大的信贷和产品交易，还会定期向业务部门主管了解情况，要求他们汇报每件可能发生的风险事件。

杰米·戴蒙认为公司一定会遭遇危机，而且大部分人的危机意识不强，预测危机的能力糟糕，所以他在开展业务时总会表现得小心翼翼。

举个例子，杰米·戴蒙曾经供职于Prim erica公司，该公司准备与遭受飓风袭击的旅行者公司合并，这时戴蒙的风险意识表现了出来，他亲自查看旅行者公司在这次飓风中受到的影响，评估灾难所带来的风险，并定期查看企业图表。

这就是杰米·戴蒙，似乎对风险有一种天生的洞察力，早在2006年，杰米·戴蒙就提出次级贷款风险问题，而他所代表的摩根大通则是第一个谈论这个问题的大银行。当时，华盛顿相互银行首席执行官克里·基林格、印地麦克银行首席执行官迈克尔·佩里、全国金融公司和雷曼兄弟公司首席执行官均在场。

几年之后的结果如何呢？摩根大通至今屹立不倒，而其他几家与会的公司已经消失了。

行走在刀刃上的大师，他们之所以成为超级富豪，不仅善于投资，更善于风险控制，才能保证自己的财富不会瞬间缩水。

对于青少年来讲，想拥有华尔街大佬这样的风险控制能力并非一朝一夕便可形成的，需要有过人的天赋以及长久的训练，不过即便成为不了"行走在刀刃上的大师"，也可以学会与刀刃保持适当的距离。如何做到这一点，首先要了解自己的风险偏好。

■ 风险偏好测试

风险偏好是影响投资的重要因素之一，作为一个投资者来说，清楚自己的风险偏好十分重要。下面的趣味测试，将确定你的风险偏好类型。

1. 试想，你的同学、朋友或家人可能会以下列哪句话来形容你？

A.你是一个喜欢冒险的人；

B.仔细思考之后，愿意承担一定风险；

C.你是一个小心谨慎的人；

D.不愿承担任何风险。

2. 现阶段你投资的主要目的是什么？

A.希望利用投资赚来的钱购买贵重物品；

B. 确保资产在安全的前提下达到增值目的；

C. 希望获得长期回报，对于短期收益及波动不太关心；

D.追求高额回报，能够接受短期的资产价值波动。

3. 假设你在一项抽奖活动中胜出，下面的奖品你会作何选择：

A. 拿走三等奖5000元现金；

B.继续抽取二等奖，你将有50%的机会赢取1万元；

C.继续抽取一等奖，有25%的机会赢取5万元；

D.继续抽取特等奖，有5%的机会赢取10万元。

4. 假设你购买了某只股票，结合目前股票市场的状况，你希望你的投资：

A.与股市同步；

B.略微超过股市整体的增长；

C.显著超过股市整体的增长；

D.极大的超过股市整体的增长。

5. 你对长期投资的态度是：

A.可以承受一定程度的亏损；

B.只能承受小部分亏损；

C.几乎不能承受任何亏损；

D.至少获得一定的收益。

参考答案：

1. 答案以"A"为主的人，属于"进取型"风格，喜欢高风险高收益的投资方式，适合进行股票、期货、收藏等起伏比较大的投资项目。当然，如果你还是一个没有收入来源的学生，投资的时候要非常谨慎。

2. 答案以"B"为主的人，属于"趋于进取型"的风格，适合股票投资。

3. 答案以"C"为主的人，属于"趋于保守型"的风格，适合基金、债券等投资方式。

4. 答案以"D"为主的人，属于"保守型"风格，喜欢低风险低收益的保本型投资，比如储蓄、银行理财产品。

佛魔法哈课 如何控制理财风险

（1）敏锐的风险意识

合理控制风险，需要有敏锐的风险意识，就像之前案例中讲过的那些超级富豪，对于风险有着天生的洞察力，当然这种能力也是可以后天培养的。青少年在实战过程中，应该有意识地培养风险意识，久而久之便能够预判风险，从而化解危机。

（2）关注各方面的新闻资讯

影响投资价格的因素很多，关注各方面的新闻，比如全球政治、经济局势、财经动态等等，尽量掌握第一手消息，从而做出准确的市场判断。

（3）不断丰富理财知识

尽可能多地学习理财知识，多看一些这方面的书籍，从网上了解最新的理财知识，有助于形成较强的风险意识。

（4）实战培养理财能力

实战是最好的理财方法，也是一个积累经验的过程，在实际操作中由于缺少经验，少不了失败的经历，真金白银的流失更容易提升风险控制的意识。

（5）过硬的心理素质

青少年心理素质较差，遇到几次失利很容易被吓倒，一蹶不振。所以，平时多注意心理素质的培养，不仅对于理财有帮助，在生活中以及未来的工作中也会起到很大作用。

（6）制订计划，严格止损

在投资之前制订计划，即便出现意外亏损也要完全按照计划行事。设定止损线，只要跌过心理价位，立刻"割肉"出局。很多投资者抱有投机的心理，总认为能够翻身，这就违背了风险控制的原则。所以，必须遵循之前的计划，设定止损线。

─────── ❧ 哈佛亿万富豪给青少年的成长箴言 ❧ ───────

与刀刃保持适当的距离，这是谁都明白的事情，但是在投资过程中，并不是每个人都能做到，即便那些哈佛亿万富豪也是如此。青少年想要培养控制风险的能力，绝不能急于求成，这不是一朝一夕间就能养成的，需要不断进行实战，积累经验，从不断的失败中成长。

🏆 以小搏大：从20万到1250亿

以小搏大是一项很重要的理财技巧，只有那些拥有高财商的人能够运用自如，很多哈佛毕业的亿万富豪在刚刚走出校园时只是小角色，正是通过以小搏大的高财商赚得盆满钵满，成为不可一世的超级富豪。学生时代，以小搏大的理财技巧没有多少用武之地，但是如果将来准备自己创业，大干一场，那么就要提前培养这项技能。

■ 从20万到65亿

从20万美金到1250亿资产，这并不是电影里的情节，更不是天方夜谭，而是一个哈佛毕业生步入华尔街之后演绎的传奇故事，他就是史蒂夫·施瓦茨曼，华尔街之王，黑石集团创始人。

在当年，20万美金绝对不是一个小数目，然而这笔钱放在华尔街，只是一笔不起眼的零花钱，如果当时有人说要用20万美金扎根华尔街，一定会被笑掉大牙。不过，那些出自哈佛大学的少年天才们却不这样认为，因为他们拥有极高的财商，懂得以小搏大的理财技巧。施瓦茨曼就是其中之一，他做到了，20万美金创业，至今个人资产已经达到65亿美元，2013年福布斯全球富豪排行榜182位。

施瓦茨曼是如何完成这一神话的呢？完全在于他的高财商。哈佛商学院毕业之后，施瓦茨曼顺理成章地进入了华尔街，短暂的过渡期之后，他跳槽来到了雷曼兄弟公司，并在31岁时就升任为公司合伙人，成为当时雷曼兄弟高管中最年轻的合伙人之一。

本来前程一片光明的施瓦茨曼却遭遇了变故，不得不离开雷曼兄弟公司，此时他的银行账户上总共有20万美元。是继续打工还是自己创业，施瓦茨曼毫不犹豫地选择了后者。施瓦茨曼拿出仅有的20万美元，找到彼得森作为合伙人（同样出资20万），创办了今天的黑石集团。

施瓦茨曼想要创建公司的念头并非一时冲动，因为凭借超高的智商与财商，他早就看到了华尔街存在的大把机会，收购狂潮此起彼伏，他认为完全有机会以小搏大创造奇迹。

不过，问题也接踵而至，不管你的投资水平有多高，有谁会轻易把动辄数千万美元的大单交给一个无名之辈，公司资产只有几十万美元的新公司呢？公司成立之后，在半年内只做成一单小生意，施瓦茨曼意识到情况的危急，于是想到了创建私募基金的办法，这个想法还是受到KKR公司的启发，他意识到这是一个赚大钱的机会。

在当时的华尔街，私募基金被视为非主流，像黑石这样刚成立的规模较小的基金公司想要做出点成绩谈何容易，毕竟华尔街中的大部分人都在做着以小搏大的美梦。

无奈之下，施瓦茨曼只能一家接着一家地上门推销自己，他找到那些有可能的潜在客户，磨破了嘴皮，习惯了被人拒绝。任何成功都不是一蹴而就的，施瓦茨曼回忆当年的经历时感慨良多，他曾说过："被我们视为最可能点头的19家客户，一个个拒绝我们。总共有488个潜在投资人拒绝我们。"

写到这里，让我想起了当年史泰龙带着电影剧本上千次访问电影公司的故事，不清楚那个故事的真实性，但是500家电影公司一千多次的拒绝，放在谁身上都可能承受不住，但是最终我们看到的却是一个荧幕硬汉，一个英雄的诞生。

史泰龙从一文不名的小角色，摇身一变成为好莱坞的超级巨星，这本身就是一个以小搏大的故事。当年的施瓦茨曼也是如此，他的坦诚与抱负终于打动了美国保险及证券巨头保德信公司，高层决定尝试性投给黑石集团1亿美元。

从此，施瓦茨曼踏上了成功的旅途，他没有让保德信失望，随着业绩的提升，名声也传了出去，后来通用电气的总裁杰克·韦尔奇也入伙了，就这样黑石集团发行的第一只基金就吸引了32个投资人，包括大都会人寿、通用电气、日本日兴证券以及其他几个大企业的退休金。

黑石集团的表现没有让投资者失望，1987年，美国发生了历史上最为严重的股灾，而黑石集团的平均收益竟然高达24%，超出同期标普500指数成分股平均回报率两倍。施瓦茨曼也因此一战成名，许多大公司纷纷慕名而来，他再也不用为筹集资金而烦恼了。

随后的故事不再赘述，2006年，黑石集团盈利超过22亿美元，2007年在纽约证交所挂牌上市，黑石集团在鼎盛时期，曾经管理着1250亿美元的巨额资产，而公司建立之初仅仅拥有40万美元的启动资本。这是一个以小搏大的神话，施瓦茨曼让它成为了现实。

以小搏大的故事并非每天都会上演，也不只是运气好就能实现的，需要极高的财商，这是一种卓越的能力。如果你目前只是一个身无分文的学生，而梦想也是考入哈佛大学，继而进入华尔街创业，甚至成为亿万富豪，那么施瓦茨曼的故事已经证明了，这不是痴人说梦，你完全可以通过以小搏大的能力使其成为现实。

哈佛魔法课 以小搏大的艺术

（1）出名要趁早

无论在哪个行业，没钱、没人脉、没资本的创业者都很难成功，但并非完全没有可能，因为以小搏大的智慧让一切皆有可能。对于一个无名之辈来说，凭什么让别人给你投资，助你创业？不可能，所以你只能先创出名堂，这就要求你要做出一番成绩，打响你的旗号。假设你想要在学校出名，那么应该抓住每一次在公开场合露面的机会，比如在联欢会上，你可以选择唱歌、跳舞、说相声，通过表演节目让大家认识你。张爱玲说过：出名要趁早。的确如此，在今天这个信息社会，想要成功就要推销自己，让更多的人知道你，默默无闻的奋斗者不再适合这个时代。

（2）拥有真才实学

小丑也能吸引很多人的关注，但却没有几个人记住他，人们只是一笑而过。所以，想要以小搏大，必须具有真才实学，一旦你的名声在外，来找你的人就会多起来，结果发现你没有真才实学，只会让大家感到失望，你好不容易打响的名号会很快毁于一旦。

（3）准确定位

市场定位很重要，假如你是一个新成立的科技公司，非要跟微软、Facebook抗衡，那么很显然是自不量力，这不是以小搏大，而是愚蠢之极。所以，自我定位很重要，青少年一定要学会准确的自我定位，比如你的学习成绩只能排到全年级前100名，却将自己的目标定位在哈佛大学，很显然这是不现实的，根本没有以小搏大的机会。

（4）有一手绝活

如果你身上有别人不会的本事，如果你的公司有别人做不出来的产品，那么也就拥有了以小搏大的机会。有一手绝活的意思是在某个领域做到极致，比如你对计算机感兴趣，你可以将主要精力都用在优势项目方面，不必去费劲弥补自己的弱势。当你能做到大多数人无法做的事，那么就有了巨大的资本。

────── 哈佛亿万富豪给青少年的成长箴言 ──────

以小搏大是一项很重要的能力，也是高情商的表现，青少年如果想在今后做出一番事业，从小养成这项理财技巧将会很有帮助。对于一个没资金、没人脉、没经验的年轻人来说，如果想要创业是非常困难的，这时以小搏大的能力将发挥重要作用，说不定你就能一鸣惊人。

左手节俭，右手慈善

不要被那些超级富豪奢华光鲜的生活所迷惑，这只是他们生活的一部分，由于备受世人的关注，所以才会成为热议的话题。其实，这些富豪的高财商也表现在另外一些方面，那就是节俭与慈善。

节俭与慈善都不是装出来的，节俭是常年养成的习惯，因为节俭，他们才能积攒下巨额财富；慈善是一种成功之后的升华，他们希望靠自己的财富去帮助更多的人。这才是高财商的真正体现，青少年不要只将注意力放在奢华的表象上，而应该看到其超凡的财商。

■ 左手节俭

很多青少年认为"节俭"一词跟那些超级富豪根本不沾边，因为他们几乎买得起世界上任何一件商品，平时吃穿住行一定是最贵的。其实，这样的理解是低估了他们的财商。不可否认，很多超级富豪的生活确实尽显奢华之态，但也有富豪只会在感兴趣的事情上投资，而平时的生活中却非常节俭。

以前世界首富比尔·盖茨为例，确实有其奢华的一面，而且还是一般人没法比的。盖茨的豪宅命名为"未来之屋"，估价为5000多万美元；盖茨喜欢追求速度，他的座驾多为跑车，尤其钟爱保时捷这个牌子。然而，他的保时捷959当时也就20多万美元，和今天中国人开的百万级别的豪车比起来又不算什么了。这就是盖茨奢华的一面，然而与他的慈善比起来，这些钱只是九牛一毛罢了。

比尔·盖茨的高财商真正体现在节俭方面，这似乎是每一位生意人都有的品性，斤斤计较于每一分钱，因为它们来之不易。

关于比尔·盖茨的节俭，让我们先从一个笑话开始：

在美国，麦当劳就相当于中国的成都小吃，方便、快捷、便宜，盖茨至今仍喜欢到麦当劳花上5美元吃一顿午餐。话说一次盖茨与属下们去吃麦当劳，盖茨点完单之后，一位下属要替他买单，这时盖茨白了他一眼，埋怨道："怎么不早说，早知你掏钱，我就要双份了。"

哈哈一笑的同时，我们也对这位超级富豪肃然起敬，因为盖茨夫妇在慈善方面的投入超过这个世界上任何一个人或组织。再来看看生活中的比尔·盖茨：

一次，盖茨和朋友去希尔顿饭店开会，由于来晚了找不到车位，只剩下一小时12美金的贵宾车位，但盖茨坚决不同意，认为酒店是超值收费。

比尔·盖茨的节俭还体现在买衣服上，舒适是盖茨挑选衣服的唯一标准，他从来不看重牌子。一次盖茨去参加世界32位顶级企业家举办的"夏日派对"，身穿妻子在普吉岛给他买的套装，价格甚至不到三流明星一次洗衣服的钱。平日里，如果不是特别重要的会议，盖茨更喜欢休闲装，而且没有一件是名牌货。

比尔·盖茨不仅自己节俭，还将节俭的理念传递给微软公司的每一个人，他曾对员工说："我们赚的每一分钱都来之不易，是我们的血汗钱，所以不应该乱花，应花在刀刃上。"

比尔·盖茨可谓白手起家，率领微软走到今天，深知每一分钱来之不易。一次，兼任微软总裁的魏兰德把自己的办公室装修得富丽堂皇，十分奢华，盖茨看到后很不满，告诉魏兰德要避免这种浪费的作风，尤其当公司正处于创业时期。多少年过去了，微软已成为全球第一大公司，而盖茨的节俭作风仍然没有改变，他依旧保持节俭的行为习惯。一年四季，盖茨要飞往无数个国家，开无数次会议，但每次他都会坚持坐经济舱……

比尔·盖茨的节俭不是装出来的，更不是抠门，因为他要捐出98%的个人财富，比世界上任何一个人捐的钱都多。他的节俭早已成为习惯，是其高财商的体现，正因此才能带领微软公司走到今天，成为世界超级富豪。

无独有偶，新锐富豪马克·扎克伯格，这位世界上最年轻的亿万富豪，有着和比尔·盖茨同样的节俭品质，至今仍然开着几年前买的2万美元的黑色丰田，平时都会跟女友去一些小餐馆吃饭，截至2011年购置婚房之前，扎克伯格都住在一所3000美金的小公寓内。曾经的合作伙伴泰勒甚至说，扎克伯格是他见过最俭朴的富人。

很多富人都保持着简朴的生活方式，即便他们的钱多得花不完。据说纽约市长布隆伯格只有两双工作时穿的皮鞋，而且一穿就是10年，而他的身家超过了180亿美元。彭博社发言人斯图·罗瑟说："市长仅有两双上班穿的皮鞋，每天轮流换穿，若鞋底磨平，就换新鞋底。"

一次，布隆伯格与第一夫人米歇尔·奥巴马并肩坐在一起谈话时，因为皮鞋太旧，他下意识地将两只脚蜷缩在一起，似乎不愿让第一夫人看到他的旧皮鞋，然而这戏剧性的一幕却被眼疾手快的摄影师拍了下来。

布隆伯格两双皮鞋穿了10年的消息一经曝光，令很多美国民众大跌眼镜，人们简直不敢相信，这位亿万富豪居然如此节俭，然而布隆伯格的发言人斯图·罗瑟透露称，这是由于布隆伯格的本性使然，他无论在个人开支或者政府财政方面都很节省，罗瑟举例称："比如买咖啡时，他总是向店员强调选分量最小的给他。"

可见，节俭是一种本性，并非刻意装出来的，同时节俭也是高财商的表现，尤其是对于生意人来说，不懂节俭就无法控制好成本，这是他们不能接受的。

■ 右手慈善

超级富豪高财商的另一个表现就是慈善，他们手里拿着几辈子都花不完的钱，而他们的做法就是将这些钱捐给有需要的人。

1993年秋天，比尔·盖茨和女友梅琳达等人到非洲旅行，他看到了全世界最贫困人群的生活现状，给盖茨的心灵带来了极大的震撼。在扎伊尔，他们看到赤脚的女人顶着水罐、抱着孩子走几英里的路到市场去；在肯尼亚，他们看到了马赛人的割礼仪式。一路上，饿得只剩皮包骨的孩子满眼皆是。看着活活被饿死，或者因为无法得到有效的医疗救治而病死的孩子，盖茨和梅琳达的心碎了，他们意识到慈善的重要性，回国之后，盖茨告诉自己的好朋友："非洲永远地改变了我。"

随着盖茨不断增长的不仅是微软公司的规模，个人账户上的数字，还有他的财商。要知道，在微软成立之初，盖茨对于慈善甚至不屑一顾。当时很多人要求盖茨捐款，但他一概不理，他说过："我有一个公司要管理，我为社会能做的最好的事，就是让这个企业成功。"妻子梅林达解释说，那时候盖茨只想着事业，没精力关注慈善事业。

而那次非洲之旅彻底改变了盖茨的观念，回国之后，他就开始着手建立基金会，终于在2000年正式成立了"比尔和梅琳达·盖茨基金会"，目前这一基金会已成为全世界最大规模的慈善基金组织。

2003年，盖茨宣布将自己98%的财产留给"比尔和梅琳达·盖茨基金会"，而截至2007年，盖茨的身家已经达到560亿美元。"股神"巴菲特也在2006年将其大部分财产——370亿美元捐给了盖茨的基金会，用来做慈善事业。

比尔·盖茨说过："财富并不是我的，我只是暂时支配它而已。"的确如此，钱乃身外之物，生不带来死不带去，与国人喜欢将财富传给下一代的观念不同，盖茨认为给孩子过多的财富不是一件好事，不利于他们的成长。

和比尔·盖茨一样热衷于慈善的哈佛超级富豪比比皆是，纽约市长布隆伯格拿着1美元年薪，却在2009年给"布隆伯格慈善机构"捐款2.54亿美元，排在全美第四位。此外，他还表示未来将捐出全部个人资产；马克·扎克伯格也累计捐出了上亿美元的股票，相信随着他的和Facebook的不断成长，还将捐出更多的财富；城堡集团创始人肯尼迪·格里芬同样热衷于慈善，2006年，格里芬联合一家教育基金会在芝加哥开办了一所寄宿学校。2009年，格里芬捐献了1000万美元支持一项长期的认证计划，以提高美国学校的教育水平。

……

很多超级富豪都热衷于慈善，有些人是发自内心的，而有些人则是做做样子，无论如何，都反映出了他们的超高财商。既然你手里握着几辈子都花不完的钱，何不拿出来一些做慈善呢，不仅可以提升企业口碑，还能提高知名度，何乐而不为呢？任何一位拥有超高财商的超级富豪都不会错过这样的机会，更不愿背上"吝啬"的恶名。

哈佛魔法课 如何培养节俭的品行

（1）正确认识金钱的含义

青少年要清楚金钱的含义，钱是怎么来的，怎样正确地对待钱财。青少年首先要清楚，钱不是活着的唯一目的，它能让你的生活变得更好，也能让你的生活变得一团糟。学会运用金钱，可以成就一个人，也能够毁灭一个人。

（2）认识到赚钱的艰辛

当青少年体会到赚钱的艰辛之后，也就不会再胡乱花钱，自然养成节俭的习惯。青少年可以利用假期出去打工，试着赚一些零花钱，在这个过程中能够很好地体会到赚钱的辛苦。

（3）学会合理地消费

现在的生活条件好了，每个孩子手里的零花钱都不少，有些孩子花钱大手大脚，根本不懂合理消费，想买什么就买什么，完全不考虑家庭条件，钱没了就去管父母要，这样做不利于养成节俭的习惯。所以，学会合理消费很重要，比如选购打折商品，避免盲目消费。

（4）学会理财

青少年一旦对理财产生兴趣，就会开始攒钱，并且合理地、有计划地使用零用钱。在理财过程中，钱生钱带来的乐趣会让他们形成节俭的品质。

（5）外出就餐适度适量

吃不了就不要点那么多，够吃就好。吃饭的时候铺张浪费是很多国人的恶习，这一点可以看看邻国日本，每餐适量，绝不浪费。此外，吃饭时如果点多了，要养成打包的习惯，这也是培养节俭品行的过程。

———— ✧ **哈佛亿万富豪给青少年的成长箴言** ✧ ————

节俭和慈善都是高财商的表现，对于青少年来说，做慈善还为时尚早，但节俭的品行却可以从小培养。很多人认为"越有钱的人越抠门"，其实这是一种错误的观点，因为那些富豪懂得节俭的重要性，也正因为从小养成节俭的品行，才能让他们的企业长久地立于不败之地。每一分钱都是辛辛苦苦赚来的，都不应该被随意浪费，然而如果将这些钱投入慈善事业，则绝对不会含糊，这就是超级富豪高情商的具体表现。

第七章

世界顶级人脉圈的力量

🏆 比尔·盖茨的背后推手

如今的时代，早已不是单打独斗的个人英雄时代，仅凭一个人的力量无法成就伟大的事业。在太多的励志书里，人们只看到名人成功的一面，很少有人关注其背后的推手。对于涉世未深的青少年来说，一定要看清背后的真相，那些伟大的人物很少有单打独斗而成功的，都有人在帮他们，这就是人脉的力量。

比尔·盖茨的第一单大生意是跟IBM签的，而当时她的母亲与IBM首席执行官约翰·埃克斯共事；8岁的时候，巴菲特就去参观纽约证券交易所了，而带他去的则是担任国会议员的父亲，接待他们的则是高盛公司的董事会成员。

讲这些的目的并不是打击青少年的奋斗热情，不要以为三无人员（没资金、没经验、没人脉）就无法成功，资金是一点点赚来的，经验是一步步积累出来的，而人脉也是在奋斗过程中结识的。作为青少年，关注的焦点不应该是谁才是比尔·盖茨身后的推手，而是盖茨在多年的奋斗中如何编织的人脉网络。

■ 家族人脉网络

比尔·盖茨绝对不是一个逆袭的屌丝青年，他的第一桶金除了天赋之外，来自于强大的家族人脉网络，让我们一起回顾下当时盖茨的家族成员所担任的职务：

　　父亲威廉·盖茨：西雅图律师学会会长。

　　母亲玛丽·盖茨：前华盛顿州立大学董事，金县联合劝募协会的首名女性总裁，全国联合劝募协会执行理事会首位女性主席。当时，她与IBM的首席执行官约翰·埃克斯共事。玛丽·盖茨还是第一洲际银行公司的首名女性主管。

　　姐姐克里斯蒂：华盛顿大学学生管理协会成员。

　　这张家族人脉网络绝对不可小视，比尔·盖茨在哈佛大学期间就已经意识到人脉的重要性，这也是他要辍学创业的勇气之一。当年盖茨在提出创业的计划后遭到了父母的强烈反对，父母问他有什么资本退学创业，据说他是这样反驳的："就凭爸爸是知名律师，妈妈是华盛顿大学的董事，姐姐是华盛顿大学学生管理协会的成员，再加上我们富裕的家境做后盾，这些难道还不够吗？"

　　是啊，对于一名哈佛大学二年级的学生来说，这一切足够了，从此盖茨有了创业的底气，父母拗不过他，只好全力支持儿子。让我们看看盖茨是如何运用家族人脉开始创业的：

　　比尔·盖茨的第一单生意是通过父亲拿到的，当时他拿出与保罗·艾伦一起研发的交通数据软件，让父母替他想办法。父母立刻四处寻找人脉，后来父亲找到华盛顿州西雅图市一名主管交通的市政官员，因为之前老盖茨帮他赢了一场官司，所以那位官员碍于情面，最终同意买下这套交通数据软件。第一笔订单的收入，高达380万美元。

　　第二单生意，盖茨想到了在华盛顿大学担任学生管理协会的姐姐，在姐姐的帮助下参与设计了一套学籍管理软件，然而姐姐的能力毕竟有限，盖茨设计的软件遭到了学校几位董事的质疑，关键时刻，老妈出场了，身为学校董事会成员，使尽浑身解数，说服了其他几人，最终帮助儿子拿到了价值1800万美元的学籍管理软件。

■ 目标锁定IBM

微软公司刚刚成立，就拿到了上千万美元的订单，比尔·盖茨的信心暴涨，他更清楚地认识到人脉的重要性，于是将目标瞄上了计算机巨头IBM公司。

为什么是IBM？首先它是一家巨头公司，通过与它们合作可以有效提高微软公司的知名度。更为重要的是，他的母亲玛丽·盖茨与当时的首席执行官约翰·埃克斯是好朋友。

当时的硅谷，很多初创的小公司都想要通过IBM这类业内巨头提高知名度，盖茨也意识到了这一点，同时微软的操作系统做得已经很不错了，IBM甚至主动给盖茨打电话，希望获得操作系统方面的支持。比尔·盖茨意识到这是一次难得的机会，想到了母亲与该公司的CEO有着不错的关系，所以投入了极大的热情。

由于竞争者众多，盖茨感受到了很大的压力与创业的艰难，前往IBM公司进行可行性报告的那次，他竟然忘了系领带，不得不临时购买了一条，盖茨后来回想起来说："创业多么艰难！那时全靠一种渴望成功的事业心支持着自己。"

当时，微软只是一家初创的小企业，与业内巨头IBM的合作让盖茨倍感压力，虽然他对自己的操作系统很有信心，但是为了确保万无一失，再一次想到了利用母亲的人脉网。如同每一次谈判一样，虽然IBM对微软的操作系统感到满意，但是仍然对这家刚刚成立不久的小公司担心，而母亲则以自己的成就担保，以她与IBM董事长多年的友谊为切入点，终于为儿子拿下了这笔价值3000万美元的订单，也为微软公司的强大之路奠定了坚实基础。

对于盖茨来说，这是一笔决定性的买卖，随着IBM公司的不断壮大以及个人电脑销量的日益增长，MS-DOS的影响也与日俱增，为其开发的应用软件也越来越多，微软DOS也因之而成为行业的唯一标准。比尔·盖茨的微软公司最终成了最大的赢家。

■ 盖茨不会告诉你的秘密

比尔·盖茨依靠家族人脉获得了人生中的第一桶金，也是微软公司这艘巨型航母顺利起航的关键。当微软公司走上正轨之后，盖茨凭借着在电脑方面的天赋以及敏锐的眼光，以惊人的速度率领微软前进，成为全球个人计算机和商业计算机提供软件、服务和Internet技术的世界范围内的领导者。同时，比尔·盖茨本人也在39岁时成为世界首富，而且连续13年登上福布斯榜首。

然而，每当比尔·盖茨谈及自己的成功时，却很少公开提到家族关系的作用，这也从一方面表现出其超高的情商。孩子们，这是比尔·盖茨不会告诉你们的秘密，但你们要有清晰的认识，每一次伟大成就的背后都离不开人脉的作用，这也是为什么你们要从小培养人脉的原因。

■ 你的人际关系合格吗？

想要运用人脉的力量，首先要拥有合格的人际关系，下面是一份人际关系诊断表，肯定答案得1分，否定答案不得分。完成后，对照测验结果检查自己的人际关系是否和谐。

人际关系自我诊断：

1. 烦恼时不知道向谁诉说；

2. 与陌生人初次见面时感觉很变扭；

3. 总是羡慕和妒忌别人；

4. 与异性交往时总感到不自然；

5. 对连续不断的会谈感到困难；

6. 社交场合或是人多的地方就会感到紧张；

7. 经常有伤害别人的行为；

8. 异性朋友非常少；

9. 在朋友聚会时仍然感到孤寂与失落；

10. 与人交往时经常感到尴尬；

11. 很难与他人保持和谐的人际关系；

12. 与异性交往时无法保持合适的尺度；

13. 当不熟悉的人向自己倾诉时总会感到不自在；

14. 总是担心别人对自己的看法；

15. 总是尽力使别人赏识自己；

16. 经常暗恋异性而不敢表白；

17. 习惯于隐藏自己的感受；

18. 总是对外表不满意，缺乏信心；

19. 讨厌某人或被某人所讨厌；

20. 看不起异性；

21. 被异性看不起；

22. 经常受到排斥与冷漠；

23. 与人交谈时不能专注地倾听；

24. 不能广泛地听取他人的各种意见；

25. 被伤害后总是暗自伤心；

26. 当异性主动表白时总感到手足无措。

评分标准：

得分在0~8分之间：说明你的人际关系不错，很擅长与人交往，有利于形成良好的人脉网络。你可能是性格开朗的人，善于交谈，总是主动关心他人，因此人缘不错，大家都愿意跟你在一起。在良好的人际关系中，更容易建立起优质的人脉网络。

得分在9~14分之间：你的人际关系还可以，但偶尔也会遇到困扰。

得分在15~28分之间：你的人际关系较差，在与他人交往的过程中经常出现问题，你需要从自身寻找原因，解决人际交往的问题，否则会给你的工作与生活带来很大影响。

得分超过20分：你是一个性格孤僻怪异的人，完全不懂得如何处理人际关系。当然，你也可能是一个社交恐惧症患者，从心理上对人际交往感到抵触。你要做的是逐渐克服社交恐惧，否则你的人生将会越来越糟糕。

佛魔法哈课 人脉银行的储备与维护

（1）体现自我价值

你的价值决定了朋友的质量与多寡，这就是现实世界。所以，在与人交往之前，不妨先问问自己，你对别人有用吗？如果你没有一定的利用价值，那么很少会有人主动结识你。因此，最大化的体现出自我价值，就会有更多的人想要主动结识你，那么人脉银行中的存款将会以几倍的速度增长。

（2）善于自我推销

一个不会自我推销的人，很难建立人脉，试想，当你参加同学聚会时，却一个人躲在角落里，谁也不理，那怎么可能结识更多的人？所以，你必须学会积极主动地推销自己。推销自己的机会很多，多参加一些你所在圈子的聚会，告诉他们你的兴趣、你的价值、擅长什么等等，这样别人在有这方面需要的时候就会想起你。记住，一定要留下联系方式。

（3）建立人脉数据库

很多青少年不懂人脉的重要性，所以也不重视人脉数据库的建立，多年以后的老同学甚至早已忘了名字，更不要说联系方式了。建立人脉数据库的目的，就是为了随时随地可以找到需要的人。在科技如此发达的今天，各种电子产品都能简便快捷地存储信息，将你认识的人全部罗列出来，储存他们的联系方式，以备不时之需。

（4）借助关系认识更多的人

借助同学、朋友的关系结识更多的人，是迅速增加人脉银行存款的好办法。比如同学聚会时，你就有机会认识很多新朋友，因为熟人的关系，接触起来更轻松融洽，不会感到尴尬

（5）利用社交网站

互联网是最廉价的人脉工具，具有无可比拟的优势，即使是性格内向的人，也可以在这里结识很多朋友。如今的社交网站数不胜数，在这里你可以轻松找到志趣相投的人，也可以根据需要结识新朋友，总之，这里有你需要的一切。

（6）关于人脉银行的维护

相对于建立人脉来说，维护人脉显然更难，但却同样重要。良好的关系建立在不断联络的基础之上，即使之前关系再好，长时间不见也会渐渐疏远。虽然大家的学习压力很大，时间很紧，但并不妨碍彼此的联络。注意，这里讲的联络不一定非要面对面，如今的通讯如此发达，可选择的联络方式很多，比如电话、网络甚至是最传统的写信方式，都是不错的联络方式。

～哈佛亿万富豪给青少年的成长箴言 ～

比尔·盖茨不会告诉你的成功秘密，就是其背后的家族人脉。人脉的重要性是所有超级富豪们都认可的一点，每个人无论性格内向还是外向，无论喜欢还是不喜欢，为了成就事业，都会主动结识能为自己提供帮助的人。我想，很多处于青春期的孩子们，由于这个年龄段固有的叛逆性，对于这种世俗的人脉论并不赞同，甚至嗤之以鼻，不过只要仔细观察，就会发现人脉的作用存在于生活中的方方面面，随着年龄逐渐增长，一定会更加成熟，从而接受这样的观念。记住，越早建立自己的人脉银行，未来的旅途就会越顺利。

哈佛圈的神奇力量

　　圈子的力量有多么巨大，我想每一个有社会经验的人都非常清楚，对于青少年来说，可能对圈子重要性的认识并没有那么深刻，其实只要仔细想想，会很快发现圈子的作用。比如，在学习过程中，你会发现好学生总是聚在一起，因为吸引力法则的作用，他们之间的能量彼此吸引，在交往的过程中能够从彼此身上学到知识，共同提高。这就是圈子的神奇力量，它所产生的能量将同类人吸引到一块，继而每个人都能得到提高。

■ 从一个故事说起

　　这是一个流传很广的小故事，可以看出人脉圈的重要性：

　　在美国乡村住着一户人家，父亲是一位农夫，与三个儿子相依为命。大儿子、二儿子先后长大成人，都到城里打工去了，只剩下小儿子和年迈的父亲住在一起。

　　突然有一天，一个人想要把他的小儿子也带到城里去打工，老父亲愤怒地拒绝了。那个人没有放弃，继续说："我不仅给你的儿子找工作，还帮他找个对象，可以吗？"

　　老人家依旧摇摇头拒绝。

　　这个人又说："如果我能让你儿子娶到洛克菲勒的女儿呢？"

老头睁大眼睛，说道："那当然好，这样的话你把他带走吧。"

看到这里很多人都觉得不可思议，一个农夫的儿子怎么能成为石油大亨洛克菲勒的女婿呢？让我们接着往下看：

过了几天，这个人找到了美国首富石油大王洛克菲勒，对他说："尊敬的洛克菲勒先生，我想给你的女儿找个对象？"

洛克菲勒看都没看就拒绝了他。

他接着说："如果你未来的女婿是世界银行的副总裁呢？"

洛克菲勒想了想，点头同意了。

又过了几天，这个人找到了世界银行总裁，对他说："尊敬的总裁先生，你应该马上任命一个副总裁！"

总裁很疑惑地问："为什么，我有那么多副总裁，还要任命一个干什么？"这个人说："如果你任命的这个副总裁是洛克菲勒的女婿，可以吗？"总裁一听，果断地同意了。

于是，这个来自农村的小伙子摇身一变，成为世界银行的副总裁，还迎娶了洛克菲勒的女儿。

这只是一个故事，却赤裸裸地揭示了人脉圈的作用，不管那个中间人是谁，他一定可以游刃于多个圈子之中，并且人脉资源丰富。他让一件荒唐的事成为了可能，一个农夫的儿子最终成为了世界银行副总裁和洛克菲勒的女婿。

这个神奇的家伙首先找到了洛克菲勒，表示能够给他的女儿找到一个世界银行的副总裁，要知道洛克菲勒是石油大亨，他的生意需要大笔的资金，而拥有一个世界银行副总裁做女婿，一切难题都会迎刃而解。

之后那个家伙又找到了世界银行的总裁，问他需不需要任命一个副总裁，而这个人正是洛克菲勒的女婿。是银行就需要钱，而且越多越好，如果能够拉拢到洛克菲勒，就意味着相当巨额的资金流入银行，于是他爽快地答应了。

而那个幸运的农夫之子，就这样跻身富豪圈。

■ 圈子的力量

冈岛悦子，"Pronova（职业会所）"股份有限公司董事长，日本声名远播的顶级猎头，美国哈佛大学MBA，在进入哈佛读书之前，她对人脉的概念并不感冒，然而在学习的过程中，她的观念发生了改变。在其畅销书《人脉力》一书中写道：

在哈佛商学院的留学经历改变了我对"人脉"的看法。特别是在刚刚入学哈佛的时候组建study group（学习小组）的经历。

……

为了能够或多或少的提高课堂准备的效率，同学们自发组成了一个自主学习会，这个学习会以预习为目的，称为学习小组。学生们没有义务进入学习小组，小组与学校之间也没有任何关系，所以在1年级的时候大部分人都自发组成5人左右的学习小组。这是一个完全自由的竞争市场。

虽然成立的过程要花费很长的时间，但是学习小组还是在慢慢地形成。

组建学习小组的时候，首先一年级全体学生（在我上学的时候有880人）汇集一堂，决定"谁跟谁一组"。大体上每100人分为一批，给每个人30秒的时间做自我介绍，但是在这30秒钟之内，如果说完名字就结束，是不会给任何人留下任何印象的。因此必须要向别人传达一种信息，让对方感到"啊，这个人的经历和技能跟我不一样呀"或者"不跟他做朋友会是损失呀"等等，要想方设法给对方留下深刻的印象。

……

此外，冈岛悦子有一个朋友叫做塞莲娜，全年级一共880人几乎没有人不知道她，这也让冈岛悦子感受到人脉的重要性。她说，塞莲娜对于人脉价值的判断非常敏锐，她能够迅速判断出是否应该加入某个团体，并且能够给大家留下深刻的印象。

在哈佛读书的时候，冈岛悦子看到很多名人前来演讲，包括沃伦·巴菲特、迈克尔·戴尔、安德鲁·格鲁夫，等等，这些人大都是由学生和教授利用人脉关系邀请来的，要知道普通人想见他们是多么困难的事。

种种经历让冈岛悦子不得不对人脉的重要性重新定位，她发现优质的人脉可以解决很多问题，具有非常重要的作用。

读到这里，很多涉世不深的青少年也许会感到厌恶，的确如此，人脉在一定程度上具有唯利是图的性质，然而这就是真实的世界，等到你们进入社会之后，这种感受便会更加强烈。

像塞琳娜这样的人，无论在生活还是工作中，一定会非常轻松自在，因为她拥有广泛的人脉资源，并且懂得如何利用这些资源为己所用。如果你还不相信圈子的力量，下面的故事一定会给你更深刻的感受：

中国企业家俱乐部是一个极具影响力的圈子，由31位中国最具影响力的商业领袖、经济学家、外交学家所组成，包括联想控股总裁柳传志、海尔集团CEO张瑞敏、中粮集团董事长宁高宁、招商银行董事长马蔚华、万科企业董事长王石、蒙牛乳业董事长牛根生、TCL集团董事长李东生、阿里巴巴董事局主席马云、吉利（汽车）集团董事长李书福、复星集团董事长郭广昌、分众传媒董事局主席江南春、用友软件董事长王文京，以及经济学家吴敬琏、张维迎、周其仁，外交家吴建民和中国全球化的代表人物龙永图等人。

这个圈子星光璀璨，而由此产生的力量更是不可小觑，蒙牛的三鹿奶粉事件就是一次很好地证明。在"三氯氰胺事件"爆发后，牛根生的蒙牛集团感受到了前所未有的压力，然而凭借多年来在圈子中积攒的人脉，顺利地度过了此次危机。

危机爆发后，牛根生给圈子里的盟友们写了一封很有名的信，被称之为"万言书"。在信中，牛根生直言不讳地提到蒙牛集团所处的危险境地，为了保护民族品牌，防止境外机构恶意收购，特地向圈内盟友求助。

圈子的力量很快显现出来，联想老总柳传志连夜召开董事会，在48小时之内就将2亿元打到了老牛基金会的账户上；新东方的俞敏洪收到消息后，第一时间拿来5000万元；分众传媒的江南春也打来了5000万元救急款……牛根生自己说："90%以上的理事，同学从不同的角度，人力、物力、财力等方面，给予了支持。"

正是由于盟友们的鼎力相助，才让牛根生的蒙牛集团成功度过此次危机，这就是圈子的力量。

孩子们，如果你们的社会经验较少，很可能无法理解圈子的重要性，但是看过这个案例之后，应该明白了人脉圈的重要性，毕竟一个人的力量是极其有限的，你需要大家的帮助才能一起成功。

佛魔法哈课 如何融入圈子

（1）寻找兴趣相投的圈子

人以类聚，物以群分，寻找兴趣相投的圈子，融入也会更轻松。融入新的圈子，最容易的方式就是寻找共同兴趣，如果你喜欢足球，非要加入篮球圈，那么难度可想而知。

（2）通过熟人推荐的方式加入圈子

在熟人的引荐下进入某个圈子，这样的方式能够避免尴尬，也显得顺理成章，先混个脸熟，一来二去就成了朋友。

（3）通过网络加入圈子

自从有了互联网，人们交往的范围一下子变得无限大，你可以在网上结识各种各样的人，加入各种各样的圈子。一旦通过网络加入了某个圈子，当时机成熟，便可以通过线下聚会等方式建立更紧密的联系，这是非常便捷、也是效率最高的方式。

（4）显示出你的价值

如果不是通过以上方式加入的圈子，而是靠个人"硬挤"进去的，那么最初你的位置一定很尴尬，这时就需要显示出你的价值，让别人觉得你有用，至少不要招人讨厌。

（5）关注圈内成员

平时关注他们所谈论的话题，如果不懂就去学习，恶补这方面的知识，这样才能增加谈资。此外，多关心圈内成员，积极交流沟通，有助于增进友谊。

（6）正确评价自己，不是哪个圈子都能进去

在加入某些圈子之前，正确评价自己，有些人在选择圈子时带有很强的盲目性，结果弄得双方都很尴尬。试想，一个打工仔非要进入亿万富豪的圈子，能有多大的可能性呢？所以，先审视自己，做出正确的评价，找到最适合自己的圈子，最有可能进入的圈子，这才是融入圈子的关键。

─────── ☙ **哈佛亿万富豪给青少年的成长箴言** ❧ ───────

根据行业、人脉质量、财富地位的不同，每一个圈子的作用以及重要程度也不一样，然而青少年在加入某些圈子时，一定要减少盲目性，必须充分考虑自身的因素，否则一两次失败很可能给你的信心带来毁灭性打击。的确，谁都想进入最好的圈子，但并不是每个人都有资格，你要做的是加入最感兴趣、最可能接受你的圈子，然后逐渐提高自己的价值，将来会有更多更高层次的圈子接纳你。

抓住生命中出现的每一位贵人

有一类成功者可以轻易改变别人的一生，我们习惯性地称之为贵人。每个人的一生都有很多次机会遇见贵人，只是由此成功改变命运的人不多。贵人不会给你钱，而是给你机会。对于青少年来说，遇见贵人的机会是最大的，不用为贵人是否出现而担心，只需考虑自己是否能抓住贵人，改变命运。

■ 生命中对你影响最大的人就是贵人

谁是生命中对你影响最大的人，谁就是你的贵人。对于这个问题，《商务周刊》的记者曾经采访过黑石集团老板施瓦茨曼，他是这样回答的：

我想我父母对我的影响最大。我要勇敢地说，在你这么问之前我还没好好想过这个问题，人们说起这事时会很敏感。我父亲是个很聪明的人，他在5年前去世了，他跟沃伦·巴菲特长得非常像。我的母亲有些咄咄逼人，我很幸运地继承了他们身上的优点。

有的时候，你会碰到一些人不知道为什么就会喜欢你并想帮你，我很幸运，遇到了好几个这样的人。我21岁在耶鲁大学时遇到一位金融业人士，他后来雇用了我，改变了我的一生。当时我对金融一窍不通，我差点就被一个朋友介绍去当兵了，那时候正在等着通知。我到他们公司的大厅里，看到那里的工作人员都很年轻，衣着体面，每个人看上去都很迷人。我告诉他我对那里的好感，他对我说，那为什么不来我这里工作呢？我说，先生，我连你的公司是做什么的都不清楚。我当时确实很鲁莽。但是他人特别好，说不管你能做什么，我希望你能来我公司做。我坐在那里，他上上下下地打量我。我从未做过生意，从未学过经济学，我甚至看不懂财务报表，完全不够格。但他说他之所以选中我，是看到我身上有种可塑性。他希望公司的氛围充满活力、井然有序，而我描述的感觉契合了这一期望。后来我们成为了至交。所以说生活中充满了你预料不到的事，关键是要乐观地想问题，并且愿意接受拒绝。在美国，你可能被拒绝很多次才会成功。

在我们的一生中会遇到很多人，有些人会因为某些原因而帮助你，他们可能因此改变你的命运，从而成为你生命中最重要的人，也就是你的贵人。像施瓦茨曼这样的哈佛高材生，遇见贵人的机会一定非常多，根据吸引力法则的定律，他们充满正能量的频率能够吸收到同样的频率，所以那些同样出色的人愿意帮助他们，而这些哈佛高材生抓机会的能力又是那么出色，仅仅一两次机会就可能改变自己的人生。

让我们看看"打工皇帝"唐骏的故事，他虽然不是出自哈佛大学，甚至因为"学历门"事件而备受指责，但不可否认他是一位很成功的职业经理人，他的能力毋庸置疑。当年，唐骏进入微软公司时，还只是一个写代码的普通工程师，而劳丽·罗娜特改变了他的人生。

后来，唐骏凭借优异的表现荣升为部门经理，而劳丽·罗娜特是另一个部门的经理，手底下有100多人，比唐骏的团队大得多，而她经常给予唐骏支持。由于两人接触较多，唐骏很欣赏罗娜特的工作作风，认为她很能干，而且十分努力，于是由衷地向公司上级写了一封表扬信，为此，罗娜特受到重视，得到了提升。此后，唐骏都会给罗娜特发邮件问候："我的部门之所以会有今天的成就，要感谢你对我们的帮助……"

世事难料，虽然罗娜特工作努力，但在微软公司内部错综复杂的矛盾斗争中败下阵来，她被降为了一名普通员工。很快，周围的人都纷纷离她而去，往日被人前呼后拥的场面不见了。只有唐骏没有忘记她，依旧像以前一样，逢年过节时给她发去问候卡片，平时还会请她去高档餐厅就餐，不断交流思想。

过了一段时间，事态发生了有趣的变化。当初，罗娜特在IBM公司的顶头上司被挖了过来，顺理成章，罗娜特摇身一变，再次升任高级副总监，管理一个300多人的团队。

1997年夏天，微软决定在上海建立全球第5个"技术支持中心"，总部为此公开招聘总经理，全球有1.8万人报名，而罗娜特正好是评委之一，她想起一直对自己十分关心的唐骏，于是力荐唐骏担任这个要职。最终的结果是，唐骏脱颖而出，成了微软大中华区技术支持中心的负责人。从此，唐骏一路顺风顺水，最终成为微软中国公司总裁。可以说，罗娜特改变了唐骏的人生，她就是唐骏的贵人。

■ 贵人相助，成就事业高峰

事业每上一个台阶，都离不开贵人相助，这是所有成功者都认同的观念，那些哈佛大学的天之骄子们更是深谙其中的道理。

比尔·盖茨有一位日本朋友叫西和彦，在某种程度上来说，他也是盖茨的贵人，帮助盖茨成功开拓了日本市场，让他的事业达到了又一个高峰。在西和彦的帮助下，盖茨了解了日本市场的特点，并且帮助盖茨在日本找到了第一个个人电脑项目，这也让微软公司的软件在1977年就成功打入了日本市场。之后的数年，日本成为微软公司的第二大市场，仅次于美国。

贵人相助，才能成就事业高峰，出身于哈佛大学的比尔·盖茨对此非常清楚，他非常善于利用人脉帮助自己，他相信那些成功者会给自己很大的帮助。所以，随着微软公司的不断壮大，盖茨一改往日腼腆不善交往的形象，而是主动结识能够给自己带来帮助的人，他很清楚这些人中就有自己的贵人，能够帮助自己的事业更进一步。比如，在1991年西雅图的一次社交活动上，盖茨就主动认识了股神巴菲特，两人相谈甚欢，盖茨敏锐的商业嗅觉让巴菲特折服，而巴菲特的投资理念对盖茨的商业哲学也有影响。他们经常在一起打桥牌，探讨各类事宜，并且一直保持着紧密联系。

2001年，微软公司摊上了反垄断案的官司，当比尔·盖茨感到焦头烂额时，巴菲特站了出来，他为盖茨仗义执言，帮他分担忧虑。

正是由于一次次的贵人相助，比尔·盖茨才能在商海浮沉中始终稳健前行，有了这些成功者的鼎力相助，比尔·盖茨和他的微软公司一步步走向事业高峰。

想让事业更上一层楼，很多时候必须得到贵人的帮助，Facebook创始人扎克伯格与桑德伯格的合作就是一个极好的证明，可以说他们成就了彼此。

当年，扎克伯格意识到自己在运营方面的能力不足，急需一个得力的助手，而在一次圣诞派对中，他遇到了时任谷歌全球网络销售与运营副总裁的桑德伯格，此前已经有人向他推荐过桑德伯格，但是考虑到公司的规模，没有敢贸然联系。这次在派对上相遇，是一次很好的机会，开启了两人合作的契机。

几经周折，桑德伯格终于答应辅佐扎克伯格，他们的这次合作也被外界广泛看好，事实证明，桑德伯格的运营与管理能力十分出色，很好地弥补了扎克伯格的弱项，让他有更多精力放在研发方面。

佛魔法哈课 可以成为贵人的6类人

（1）第一类：愿意无条件支持你的人

愿意无条件支持你的人，一定是你的贵人，因为他信任你。在成长之初，父母是你的贵人，他们会一直陪着你，支持你。然而，进入社会，信任成为一件奢侈品，不是谁都能有幸得到的。如果你是那个幸运儿，遇见无条件支持你的人，那么一定不要让他们失望。

（2）第二类：愿意悉心教导与培养你的人

如果他不是你的父母，不是你的老师，愿意悉心栽培你，那么一定是你的贵人。在这个浮躁的社会，很少有人会耐心地教导、培养别人了，所以不要浪费他人的好心，用你的表现回报你的贵人。

（3）第三类：愿意与你分享喜悦、分担痛苦的人

愿意与你分享喜悦的人，是你的贵人；愿意陪你一起度过风雨，共同分担痛苦的人，是你的贵人。那些只愿分享喜悦，不愿分担痛苦的人，绝不是你的贵人。

（4）第四类：能够理解你的人

真正懂你的人能够成为贵人，他们懂得欣赏你，他们真正了解你，可以走进你的内心深处。无论遇到怎样的困境或心事，都可以向他们诉说，因为只有他们能够听得懂。

（5）第五类：始终不放弃你的人

真正的贵人，就是在你穷途末路之时，仍然伸出援手，不离不弃，带你走出困境的人。因此，在成长过程中，无论你的表现多么糟糕，依然不放弃你的人，一定是你的贵人。

（6）第六类：愿意生你气的人

如果有人还愿意生你的气，说明他还在乎你，你应该学会感激。如果当你犯了错，对方表现得冷淡无所谓，那么说明他已经彻底放弃你。所以，当你表现糟糕时，有人生你的气，是因为恨铁不成钢，不要记恨，学会感激，他们注定将成为你的贵人，带你走出困境。

────── ∽ 哈佛亿万富豪给青少年的成长箴言 ∾ ──────

人生最难得的就是贵人，在我们的一生中，可能会遇到很多贵人，但是真正能够抓住的不多。贵人就像机会一样，倏忽而过，很多人在学生时代没有意识，上班之后又频频错过不知惋惜，结果人到中年，贵人出现的机会越来越小，从而饮恨终身。孩子们，向那些毕业于哈佛大学的亿万富豪学习，他们敏锐的眼光绝对不会让贵人从身边溜走。你们注定会遇见改变一生的贵人，千万不要错过他们。

哈佛大学：不止是学习知识的地方

很长时间以来，在国人的观念中，哈佛大学都是一座学习天堂，这里聚集着全世界最聪明的一群人。事实的确如此，这里的孩子拥有超凡的智商，但绝不仅限于此。哈佛大学的招生标准除了参考学习成绩之外，人际交往能力、对生活的态度、勇敢精神、魄力、热情等等都是考察因素。学生们来到这里，除了学习之外，还会培养各种能力，尤其看重的是人际交往能力，他们很清楚，未来这些同学里面就有能够改变世界的人。

■ 除了学习，你还可以积攒人脉

在哈佛大学，除了学习，积攒人脉也同样重要，甚至在某些方面来说，它的重要性超过了学习书本知识。而在国内，上大学的作用似乎只剩下宝贵的人脉资源，毕竟学校里教授的知识实用性很差，工作之后几乎用不到，而显然大学同学的作用更加明显。所以，对于刚刚考上大学的孩子们来说，一定要重视人脉的重要性，不要像我一样，只知道学习，忽视了结识更多的朋友。相信我，长大之后一定会后悔。

当年我固执地认为，只有学习好才有前途，然而当我发奋读书，取得不错的成绩之后，并没有找到理想的工作，用人单位的理由很简单，没有经验。当我好不容易找到一份工作之后，又发现所学知识完全没用，那时我很后悔，可是一切都太晚了。

再看看大学时那些"不学无术"的同学，通过各种人脉关系，都找到了不错的工作，我才真正意识到人脉的重要性，为白白荒废了的几年大学时光而惋惜。

而哈佛大学的学生们，很少有人会犯我这样愚蠢的错误，毕竟他们是那么优秀，早在进入大学之前就意识到人脉的作用。

比尔·盖茨与保罗·艾伦早在中学时代就相识了，之后两人一起开创了微软公司；而盖茨与史蒂夫·鲍尔默是在哈佛念书的时候认识的，之后鲍尔默成为了盖茨的得力助手。

再来看看Facebook的四位联合创始人，大多数人只记得他的老板马克·扎克伯格，然而Facebook的成功离不开其他三位哈佛大学的同学。

达斯汀·莫斯科维茨，马克·扎克伯格在哈佛的室友，两人在哈佛相识，共同退学前往加州全职经营Facebook。莫斯科维茨是Facebook第一位首席技术官，随后成为工程副总裁。2008年离职，创办了一家软件公司Asana。

克里斯·休斯，Facebook联合创始人之一，同为扎克伯格的室友，最初是Facebook发言人，之后离职，担任奥巴马2008年总统竞选团队的在线组织主管。

埃杜阿多·萨维林，Facebook联合创始人之一，Facebook最早的天使投资人，他是扎克伯格在哈佛大学的同学，为了Facebook的成功起航奠定了很重要的作用。

扎克伯格在三位哈佛同学的帮助下，成功创立Facebook，并将公司发展到今天不可一世的规模。

以上案例足以说明人脉的重要性，所以年轻人，当你考上大学以后，不要只顾着埋头读书，多利用业余时间与人交往，结识人脉。大学是一个很好的平台，在那里聚集着很多出色的年轻人，说不定谁今后就能帮到你。在我看来，这才是上大学的真正意义，交朋友，结识人脉，其次才是学习书本知识。

■ 不要忽视毕业生联谊会的作用

所谓联谊会，就是联络感情的聚会，与国内很多同学聚会不同，哈佛学生参加这类校友会的目的很明确，那就是结识人脉，要知道，哈佛毕业生的联谊会，汇聚了全世界最顶尖的人才，你所需要的资源在这里都能找到。

而反观我们的同学聚会，更多的意义似乎成为一个炫耀的舞台，"你在哪里高就啊？"、"某某某现在可是局长了，以前他……"、"我有三个公司，钱对我来说就是一个数"……各种羡慕嫉妒恨，以至于那些真的很想叙叙旧的老同学，时间久了便不再参加这类聚会，真的很俗气，让人厌烦。

在美国好莱坞流行一句话："成功不在于你知道些什么，而在于你认识谁。"前半句放在哈佛圈不太合适，因为这些人知道的东西不少，而后半句四海皆受用。成功源自于各种各样的聚会，因为在这样的聚会中你会认识很多人，说不定谁就能帮到你。职业规划方面的专家认为，10％的成绩+30％的自我定位+60％的人脉=成功，而其中60％的人脉，大部分是在聚会中结识的。

一次轻松的聚会，既能够起到放松身心的作用，还可以给你带来潜在的机会。几百年前，男人们就开始在各种鸡尾酒会上成交买卖了。从自由市场买卖、学生会等这种"老式关系网络"到高尔夫俱乐部、巨头会议，人们乐此不疲地参加各种聚会，为的就是结识人脉，助自己的事业更上一层楼。

今日的社会，我们看到很奇怪的现象，已经很有钱的企业家们更愿意参加各类聚会，结识各种人，寻找各种资源，从而变得更加有钱；而没钱的工薪阶层并不愿参加聚会，导致机会越来越少，很难改变贫穷的命运。

我想，这就是观念所导致的吧，德国社会学家爱尔文·舍尔希说过："高端决策者们互相扶植而达到成功，他们的格言是：你挠了我一下，我也会扶你一下。"做生意需要各类资源，需要资金扶持，这也是企业家不辞辛苦参加各类聚会的原因。而哈佛大学的精英们非常了解人脉的作用，所以在大学时非常注重人际关系的培养。

黑石集团创始人施瓦茨曼先后就读于耶鲁大学和哈佛商学院，而正是在耶鲁大学求学时的经历改变了他的一生。1965年，施瓦茨曼和美国总统布什同时进入耶鲁大学，当时两人同住在达文波特学院的一个宿舍楼里。他和布什结下了深厚的友谊，同时加入了著名的"骷髅会"。在施瓦茨曼现在的家里，他与布什的合影挂在显眼的位置。虽然施瓦茨曼很少公开提及，但明眼人都看得出来，黑石集团如此成功，少不了前任美国总统的帮忙。

哈佛大学非常注重关系网的作用，会为同学们组织各类聚会、组织，让兴趣相投的人们更紧密地联系到一起，同学们在这样的氛围中能够结识很多朋友，为今后的发展起到很重要的作用。不但如此，他们在毕业之后也会保持紧密联系，定期返回校园或在校外聚会，以保持必要的联系。

看到这里，青少年应该明白校友会的重要性了，所以不管在校还是离校以后，都不要错过这类同学联谊会，记住参加聚会的目的，不是炫耀，而是交朋友。

哈佛魔法课 如何在聚会中结识人脉

（1）让更多人认识你

一上来就自我介绍的方式很尴尬，如果你不是名人或者人缘不好，效果很可能适得其反，然而自我介绍的方式又非常重要，就像很多企业家参加聚会发名片一样，你要让别人知道你是干什么的，有什么价值，手里有何资源，兴趣是什么等等，这就要求你找到一种委婉的方式达到自我介绍的目的，比如以幽默的方式，在玩笑中介绍自己。总之，一定要让更多人认识你，也就实现了结识人脉的第一步。

（2）表现出风趣幽默的一面

没有人讨厌风趣幽默的人，如果你能够适时地开开玩笑，一定会引起人们的注意，接下来就会引出更多话题。不过需要注意的是，对于不太熟悉的人，千万要注意开玩笑的尺度。

（3）说出你的价值

在适当的时机，委婉地说出你的价值，千万不要以炫耀的口吻。当别人了解到你的价值后，就会主动联系你，这样交往就会更加容易。

（4）赞美、欣赏他人

即便你很讨厌对方，但是如果想要结识人脉，也要表现出欣赏的眼光以及送上适当的赞美，这既是一种礼仪，也是人际交往的重要技巧。

（5）做一个好的听众

今日的社会，太多人喜欢滔滔不绝地大说特说了，所以从来不缺少演讲家，缺少的是忠实的听众。如果你能静心聆听，一定会很受欢迎。

（6）主动出击

如果你的目的明确，就是想结识某人，那么可以采取主动出击的方式，直截了当地说明来意，看看有没有继续深入的可能。

哈佛亿万富豪给青少年的成长箴言

大学，绝不只是学习的地方，更重要的是交朋友，尤其在今天的应试教育与社会实践严重脱钩的情况下，在大学积攒人脉成为最重要的一课。未来，你的大学同学很可能成为各行各业的精英，毕竟没有多少人真的按照所学专业选择工作。所以，保持良好的关系与紧密的联系，不错过任何一次校友会，你的人脉网络才能在关键时刻助你一臂之力。

附录：哈佛亿万富豪介绍

（资料来源于2013福布斯全球富豪榜，只列出部分富豪资料。）

1. 比尔·盖茨，全名威廉·亨利·盖茨（William Henry Gates），1955年10月28日出生，美国微软公司的创始人，计算机应用，670亿美元，2013年全球亿万富豪榜第2位。

2. 迈克尔·布隆伯格（Michael Bloomberg），1942年2月14日出生于一个中产阶级家庭，犹太人后裔。1966年获哈佛大学工商管理硕士学位。纽约市长，彭博资讯创始人，2013年全球亿万富豪榜第13位。

3. 豪尔赫·保罗·雷曼（Jorge Paulo Lemann），73岁，巴西亿万富豪，饮料制造，178亿美元，2013年全球亿万富豪榜第33位。

4. 莱恩·布拉瓦特尼克（Len Blavatnik），55岁，出生在俄罗斯的犹太人，Access Industries集团董事长，华纳音乐集团（Warner Music Group）所有人。多元化经营，160亿美元，2013年全球亿万富豪榜第44位。

5. 史蒂夫·鲍尔默（Steve Ballmer），57岁，微软公司总裁，计算机应用，152亿美元，2013年全球亿万富豪榜第51位。

6. 马克·扎克伯格，全名马克·艾略特·扎克伯格（Mark Elliot Zuckerberg），1984年5月14日出生，脸谱公司（Facebook）创始人，被人们盛赞为"盖茨第二"，2008年全球最年轻的单身巨富，也是历来全球最年轻的自行创业亿万富豪。网络服务，133亿美元，2013年全球亿万富豪榜第66位。

7. 阿比盖尔·约翰逊（Abigail Johnson），女，51岁，美国最大的共同基金公司Fidelity Investments（富达国际投资公司）是由她的祖父创立，目前她和父亲共同执掌该公司。金融，资金管理，127亿美元，2013年全球亿万富豪榜第74位。

8. 雷伊·达里奥（Ray Dalio），63岁，布里奇沃特投资公司（ridgewater Associates, LP）创始人，金融，对冲基金，125亿美元，2013年全球亿万富豪榜第76位。

9. 亚历杭德罗·桑托·多明戈·达维拉（Alejandro Santo Domingo Davila），毕业于哈佛大学历史系，是哥伦比亚啤酒业大亨马里奥·桑托·多明戈·普马雷霍（Julio Mario Santo Domingo Pumarejo）的儿子，其父亲在2011年10月去世，于是他继承了父亲的公司。2013年福布斯全球富豪排行榜第82位。

10. 史蒂夫·施瓦茨曼（Stephen Schwarzman），66岁，黑石集团联合创始人，被誉为华尔街之王。金融，私募股权，65亿美元，2013年全球亿万富豪榜第182位。

11. 萨默·雷石东（Sumner M. Redstone），89岁，世界最大的传

媒集团之一维亚康姆公司的创始人、董事长兼首席执行官，也是当今世界传媒业最富有、最成功的创业者之一。传媒，47亿美元，2013年全球亿万富豪榜第267位。

12. 梅格·惠特曼（Meg Whitman），1958年出生，现任惠普总裁兼CEO，曾任美国亿贝（eBay）公司前首席执行官。网络服务，19亿美元，2013年全球亿万富豪榜第792位。